Sung Kuen Jung
Dae Woon Choi
Dong-Hwa Shon

# Efeito anti-alérgico dos componentes alimentares na dermatite de contacto

Sung Kuen Jung
Dae Woon Choi
Dong-Hwa Shon

# Efeito anti-alérgico dos componentes alimentares na dermatite de contacto

ScienciaScripts

**Imprint**

Any brand names and product names mentioned in this book are subject to trademark, brand or patent protection and are trademarks or registered trademarks of their respective holders. The use of brand names, product names, common names, trade names, product descriptions etc. even without a particular marking in this work is in no way to be construed to mean that such names may be regarded as unrestricted in respect of trademark and brand protection legislation and could thus be used by anyone.

Cover image: www.ingimage.com

This book is a translation from the original published under ISBN 978-3-659-84794-3.

Publisher:
Sciencia Scripts
is a trademark of
Dodo Books Indian Ocean Ltd. and OmniScriptum S.R.L publishing group

120 High Road, East Finchley, London, N2 9ED, United Kingdom
Str. Armeneasca 28/1, office 1, Chisinau MD-2012, Republic of Moldova, Europe
Managing Directors: Ieva Konstantinova, Victoria Ursu
info@omniscriptum.com

Printed at: see last page
**ISBN: 978-620-8-53399-1**

# ÍNDICE DE CONTEÚDOS

# O extrato de frutos de *Piper nigrum* previne a dermatite alérgica de contacto induzida por TMA alérgica de contacto induzida por TMA através da regulação da produção de citocinas Th2

Sung Keun Jung[1,3,+],Dae Woon Choi[1,+], e Dong-Hwa Shon[1,3]

[1] Grupo de Investigação da Funcionalidade Alimentar, Instituto de Investigação Alimentar da Coreia, Seongnam, República da Coreia

[2] Grupo de Investigação de Nutrição e Sistema Metabólico, Instituto de Investigação Alimentar da Coreia, Seongnam, República da Coreia

[3] Programa de Biotecnologia Alimentar, Universidade de Ciência e Tecnologia da Coreia, Daejeon, República da Coreia

Correspondência: Dong-Hwa Shon, Research Group of Food Functionality, Division of Platform Technology Research, Korea Food Research Institute, 1201-62, Seongnam, República da Coreia. Tel: 82-031-780-9133. Correio eletrónico: dhs95@kfri.re.kr

[+] *Estes autores contribuíram igualmente para este trabalho.*

## Resumo

A dermatite de contacto alérgica (DCA) continua a ser uma das principais doenças de pele em muitos países. Neste estudo, investigámos o efeito preventivo do extrato de frutos *de Piper nigrum* (PFE) na dermatite induzida por anidrido trimelítico (TMA) e o seu potencial mecanismo de ação. A administração oral de PFE e prednisolona (PS) suprimiu significativamente os aumentos induzidos por TMA na orelha, espessura epidérmica e infiltração de células $CD4^{+}$ , enquanto a expressão anormal de IgE, mMCP-1, IL-10 e mRNA de IL-10 também foi significativamente contrariada pela administração oral de PFE. O PFE também suprime significativamente a produção de IL-4 e IL-5 induzida por TMA e a expressão de mRNA de IL-4 *in vivo,* bem como a produção de IL-4, IL-5 e IL-13 induzida por OVA e a expressão de mRNA de GATA3 *ex vivo,* e a fosforilação de STAT6 induzida por IL-4 em esplenócitos de cultura primária e células HaCaT. Curiosamente, o componente piperina do PFE suprimiu significativamente a secreção de IL-4, IL-5 e IL-13 induzida pela OVA *ex vivo*. Em conjunto, estes resultados sugerem que o PFE pode ser útil na supressão da dermatite de contacto alérgica.

**Palavras-chave:** Fruto *de Piper nigrum*, dermatite alérgica de contacto, citocinas Th2, STAT6, piperina

# Capítulo 1

## 1. Introdução

A dermatite de contacto alérgica (DCA) resulta de uma resposta de hipersensibilidade retardada do tipo IV e é uma das doenças de pele mais comuns, afectando 15-20% da população geral em todo o mundo (Peiser et al., 2012). Observou-se que compostos com menos de 500 daltons penetram através da barreira do estrato córneo da pele epidérmica, onde se tornam haptenos (Martin, 2004). Após a haptenização, a geração de neo-antigénios imunogénicos ocorre através da ligação entre as auto-proteínas

e compostos haptenos, bem como complexos haptenos e hapteno-proteína reconhecidos pelo sistema imunitário inato como "self alterado", levando à indução de vários mediadores pró-inflamatórios, incluindo a interleucina-10 (IL-10) (Kaplan et al., 2012). Na sequência destes eventos, as células dendríticas (DCs) residentes na pele haptenadas ou DCs com proteínas haptenadas adquiridas migram para os gânglios linfáticos que drenam a pele, e os péptidos das citocinas haptenadas actuam como transdutores de sinalização que activam o transdutor de sinal e o ativador da transcrição (STAT), regulando subsequentemente a diferenciação das células T.

Os linfócitos T helper (Th) diferenciam-se em células Thl, Th2, Thl7 e T reguladoras (Treg) e desempenham um papel importante na resposta imunitária adaptativa em série a vários agentes infecciosos através da produção de citocinas específicas (Szabo et al., 2000; Mosmann et al., 2005). As células Thl segregam interferão gama (IFN-y) e protegem o seu hospedeiro contra agentes patogénicos intracelulares e vírus (Szabo et al., 2000). As células Th2 produzem interleucina 4 (IL-4), IL-5 e IL-13, e apoiam o papel das células B na remoção de parasitas (Szabo et al., 2000). As células Thl7 actuam para proteger o organismo contra infecções bacterianas e fúngicas, produzindo IL-17, IL-21 e IL-22 (Furuzawa- Carballeda et al., 2007). Adicionalmente, as células Treg desempenham um papel crítico na regulação da homeostase das células imunitárias através da produção de IL-10 e do fator de crescimento transformador beta (TGF-0) (Kim et al., 2013).

A diferenciação das células T CD4$^+$ e a sua função subsequente na regulação das respostas imunitárias são fortemente reguladas por perfis específicos de citocinas e pela sinalização transcricional (Murphy & Stockinger, 2010). A IL-12 e o IFN-y são as duas principais citocinas envolvidas na diferenciação Th1. Para a diferenciação Th2, estão envolvidas a IL-4, a IL-5 e a IL-13. Por sua vez, a fosforilação de STAT desempenha um papel central na regulação da produção de citocinas (Zhu et al., 2010). Quando a IL-4 se liga ao seu recetor cognato (o recetor de IL-4), ocorre a fosforilação de STAT6 e, subsequentemente, a ativação de factores de transcrição principais específicos da linhagem, em particular a proteína de ligação GATA3 3 (GATA-3).

O consumo de alimentos naturais tem sido associado à prevenção ou ao alívio de 4 de respostas imunitárias anormais a agentes patogénicos e produtos estranhos, incluindo compostos haptenos (Jin et al., 2011; E. Cho & S. H. Cho, 2013; Choi et al., 2014). Os extractos *de Piper nigrum* têm sido utilizados como ingrediente dietético e como medicamento tradicional à base de plantas e demonstraram apresentar várias propriedades biológicas, incluindo atividade antibacteriana (Paulkumar et al., 2014) e contrariar a deficiência de memória (Hritcu et al., 2014). Além disso, as abordagens HPLC-MS identificaram vários compostos de *Piper nigrum*, incluindo pelitorina, piperilina, 4,5-dihidropiperlonguminina, piperlonguminina, 4,5-dihidropiperina, piperina e pipercida (Scott et al., 2005). Um estudo anterior demonstrou que a administração oral de um extrato metanólico da folha de *Piper nigrum* suprime as reacções imunitárias induzidas pelo dinitrofluorobenzeno (DNFB) *in vivo* e a libertação de histamina pelos mastócitos peritoneais do rato (Hirata et al., 2008). No entanto, o efeito do extrato de frutos *de Piper nigrum* (PFE) na dermatite induzida por hapteno e o seu mecanismo de ação não foram explorados em pormenor.

No presente estudo, investigámos o efeito preventivo do extrato de frutos *de Piper nigrum* na dermatite induzida por TMA utilizando um modelo murino de DAC.

Observámos que o PFE inibiu o inchaço da orelha induzido pela TMA, o aumento da espessura epidérmica e a infiltração de células $CD4^+$ . Além disso, o PFE exerceu efeitos inibitórios na produção de IgE, mMCP-1 e IL-10, bem como na expressão do mRNA da IL-10 e na produção de citocinas Th2. A expressão de IL-4, IL- 5 e IL-13 induzida por TMA ou OVA surgiu devido à supressão da fosforilação de STAT6 e da expressão do mRNA de GATA3. Estes resultados sugerem que o PFE pode ser potencialmente utilizado como um forte agente preventivo-ACD que inibe a produção de citocinas Th2 através da supressão da sinalização STAT6/GATA3.

## 2. Materiais e métodos

### *2.1 Materiais*

A TMA, a prednisolona, a ovalbumina (OVA, grau VI), a piperina e o piperonal foram adquiridos à Sigma-Aldrich (St. Louis, Mo, EUA). O Inject Alum foi obtido a partir de

Pierce Biotechnology (Rockford, IL, EUA). A IL-4 de ratinho recombinante e a IL-4 humana foram adquiridas à BD Biosciences (San Diego, CA, EUA). Os anticorpos específicos para STAT6, CD4, p-actina, IgG de cabra anti-coelho e anti-rato conjugada com peroxidase de rábano (HRP) e IgG de cabra anti-coelho conjugada com DyLight 594 foram adquiridos à Santa Cruz (CA, EUA). Os anticorpos para fosfo-STAT6 de ratinho foram obtidos da Abcam (Cambridge, Reino Unido) e o fosfo-STAT6 humano foi adquirido à Cell Signaling (Danvers, MA, EUA).

### *2.2 Preparação da amostra*

A pimenta preta foi comprada num mercado rural (Gyeonggi-do, Coreia). O extrato foi preparado utilizando um extrator de fluxo soxhlet. Resumidamente, a pimenta preta foi incubada em etanol a 70% a 65 °C durante dois períodos de 3 horas cada. O extrato de etanol a 70% foi filtrado com papel de filtro (Whatman n.º 4), antes de o extrato ser concentrado num evaporador rotativo (IKA RV10, EUA) e seco num secador por congelação. O extrato seco de pimenta preta (PFE) foi armazenado a 4 °C.

*2.3 Animais*

Os animais foram mantidos em condições específicas de ausência de agentes patogénicos, de acordo com as diretrizes estabelecidas em e o protocolo experimental (KFRI-M-14013) foi aprovado pelo Comité de Cuidados e Utilização dos Animais do Instituto de Investigação Alimentar da Coreia. Os ratinhos BALB/c fêmeas com 5 semanas de idade foram adquiridos à OrientBio Inc. (Gyeonggi-do, Coreia) e foram alojados numa sala com ar condicionado (23 ± 2 °C) com um ciclo de 12 h de luz/obscuridade e tratados de acordo com as diretrizes do Korea Food Research Institute para a utilização e tratamento de animais.

*2.4 Indução de hipersensibilidade de contacto e programa experimental*

A indução da CHS foi conseguida através da modificação de um modelo de CHS crónica (Schneider et al., 2009). Resumidamente, os ratos com 6 semanas de idade foram divididos em quatro grupos: grupo naive 6

(naive), grupo sham (sham), grupo PFE 50 mg/kg (PFE 50), grupo PFE 200 mg/kg (PFE 200) e um grupo prednisolona 10 mg/kg (PS 10). Após 1 semana, os ratinhos foram sensibilizados com 50 pL de TMA a 5% em solvente misto (acetona/miristato de isopropilo, 4:1. v/v) no flanco direito rapado no Dia 0 e 10 pL de TMA a 5% foram administrados diariamente no dorso de ambas as orelhas do Dia 5 ao 14. A espessura da orelha foi medida 24 horas após o tratamento com TMA nos dias 5-14, utilizando um micrómetro personalizado (Schering AG, Alemanha).

*2.5 Sensibilização e desafio com OVA e preparação de culturas de esplenócitos*

Os ratinhos BALB/c (fêmeas, 6 semanas de idade) foram sensibilizados por injeção intraperitoneal (i.p.) com 10 pg de ovalbumina adsorvida em 1 mg de Inject Alum nos dias 0 e 7. Após uma semana, os esplenócitos foram preparados através da remoção asséptica dos baços dos ratinhos. As células individuais homogeneizadas do baço foram recolhidas e tratadas com tampão de lise de glóbulos vermelhos (Sigma-Aldrich, St. Louis, MO, EUA). Os esplenócitos foram diluídos para 5 x $10^6$ células/mL em meio RPMI 1640 contendo 10% de FBS, 100 U/ml de penicilina e 100 mg/ml de estreptomicina. Os esplenócitos foram então cultivados na presença ou ausência de OVA (100 pg/mL) com amostras. As placas foram incubadas a 37 °C durante 48 h (para análise PCR em tempo real) ou 72 h (para análise ELISA) numa incubadora humidificada com 5% (v/v) de $CO_2$ e 95% (v/v) de ar.

*2.6 Medição de citocinas por ensaio ELISA*

Para a medição de citocinas no tecido auricular de ratinhos BALB/c, as orelhas foram homogeneizadas mecanicamente em 2 ml de tampão de lise (Cell Signaling, Danvers, MA, EUA) contendo um cocktail de inibidores de proteases (Roche, Indianapolis, IN) e centrifugadas a 25 000 g durante 30 minutos a 4 °C. A concentração de proteínas totais no sobrenadante foi calculada pelo kit de ensaio de proteínas (Bio-Rad Laboratories, EUA).

Os níveis de citocinas no sobrenadante do ouvido e no meio de cultura de esplenócitos foram medidos utilizando kits ELISA para IL-4, IL-5, IL-10 (BD Biosciences, San Diego, CA, EUA) e IL-13 (R&D systems, Minneapolis, MN, EUA). A IgE total e o mMCP-1 no soro também foram detectados com um kit IgE (BD Bioscience, San Diego, CA, EUA) e um kit mMCP-1 ELISA (eBioscience, San Diego, CA). Todos os ELISAs foram efectuados de acordo com as instruções do fabricante.

*2.7Isolamento de ARN e análise quantitativa por PCR em tempo real*

O ARN total dos tecidos e esplenócitos foi recuperado e purificado utilizando um RNeasy® Mini Kit (Qiagen, Alemanha), de acordo com as instruções do fabricante. O cDNA foi sintetizado utilizando um QuantiTect Reverse Transcription Kit (Qiagen, Alemanha). O cDNA de primeira cadeia foi preparado a partir de 1 pg de ARN total. As amostras foram submetidas a PCR em tempo real utilizando SYBR® Green Master

Mix num sistema Rotor-Gene Q 2plex (Qiagen, Alemanha). Os níveis de expressão dos genes foram normalizados por comparação com a expressão de GAPDH. As alterações relativas da expressão dos genes, calculadas utilizando o método 2-delta CT, são apresentadas como alterações de dobra em comparação com as das amostras de controlo. Os primers utilizados nesta experiência foram adquiridos à Bioneer (Daejeon, Coreia)

*2.8 Análise Western Blot*

Para analisar os efeitos do PFE na fosforilação de STAT6 induzida por IL-4, os esplenócitos foram preparados através da remoção asséptica do baço de ratinhos BALB/c (fêmeas, 6 semanas de idade) e incubação com 2 pg de concanvalina A (Con A, Sigma- Aldrich, St. Louis, MO, EUA) durante 2 dias. Os esplenócitos foram centrifugados a 1.300 rpm durante 5 min e o sobrenadante foi removido, antes da incubação em meio RPMI 1640 na ausência de Con A. Após 1 dia, os esplenócitos foram pré-incubados com PFE durante 1 h. antes da estimulação com IL-4 (BD Biosciences, San Diego, CA, EUA) durante 15 min. Para a análise de queratinócitos humanos, as células HaCaT de queratinócitos epidérmicos humanos imortalizados foram mantidas a 37 °C em meio de Eagle modificado de Dulbecco (DMEM) contendo 10% de soro fetal bovino, 100 U/ml de penicilina e 100 mg/ml de estreptomicina numa incubadora humidificada a 5% de $CO_2$. As células HaCaT foram pré-incubadas com PFE durante 1 h antes da estimulação com IL-4 (BD Biosciences, San Diego, CA, EUA) durante 15 min.

A concentração de proteínas foi determinada utilizando um kit de ensaio de proteínas de ligação a corantes (BioRad Laboratories, EUA), seguindo as instruções do manual do fabricante. A proteína do lisado foi submetida a uma eletroforese em gel de poliacrilamida com dodecil sulfato de sódio a 10% (SDS-PAGE) e transferida para uma membrana de difluoreto de polivinilideno (PVDF) (Amersham Pharmacia Biotech). Após a transferência, as membranas foram incubadas com anticorpos primários específicos a 4 °C durante a noite. As bandas de proteínas foram visualizadas utilizando um AE-9300 Ez-Capture MG (ATTO Corporation, Japão) após hibridação com um anticorpo secundário conjugado com peroxidase de rábano (HRP).

*2.9 Medição da espessura da epiderme*

As orelhas excisadas foram embebidas em formaldeído a 10% e cortadas em secções de 6 ppm de espessura num microscópio (CryostatCM3050S, Leica Microsystems, Alemanha). As secções foram coradas com hematoxilina e eosina a 0,5% (Sigma; coloração com hematoxilina e eosina [H&E]) para medir a espessura epidérmica das amostras de tecido da orelha. A espessura foi analisada com o software Micrometrics SE Premium.

*2.10 Análise de imunofluorescência*

Foram cortadas secções de cinco pm de espessura de tecidos auriculares de ratinhos incluídos em parafina com um micrótomo e secas ao ar à temperatura ambiente durante a noite. As secções de parafina foram desparafinizadas com xileno e hidratadas em graus decrescentes de etanol em água destilada, após o que se procedeu à recuperação do antigénio aquecendo as amostras a 95-100°C em tampão citrato 10 mM a pH 6 durante 10 minutos. Para a imunofluorescência, secções da orelha do rato foram permeabilizadas e bloqueadas à temperatura ambiente por incubação em PBS com 0,02% de Tween 20 e 1% de BSA durante 1 h. A incubação com um anticorpo primário diluído em PBS com 3% de BSA foi efectuada a 4°C durante a noite. Foi adicionado um anticorpo secundário vermelho do Texas (Santa Cruz Biotechnology) numa diluição de 1:1000 durante 1 h à temperatura ambiente. O DAPI (1:10.000) foi utilizado como coloração nuclear. As secções foram

examinadas e fotografadas utilizando um microscópio de fluorescência Leica DM5000B (Leica Alemanha) ou um microscópio confocal Zeiss LSM 510s (Zeiss Alemanha). As imagens foram processadas com o software Photoshop (Adobe).

*2.11 Análise estatística*

Quando apropriado, os dados são expressos como a média ± S.E.M., e as diferenças significativas foram determinadas usando ANOVA (Análise de Variância) de uma via. Foi utilizado um valor de probabilidade de $p < 0{,}05$ como limiar mínimo para a significância estatística.

## 3. Resultados

### *3.1 Efeitos do BPE no inchaço da orelha induzido por TMA e no aumento da epiderme*

*Espessura e infiltração de células CD4+ em tecido auricular de ratinho*

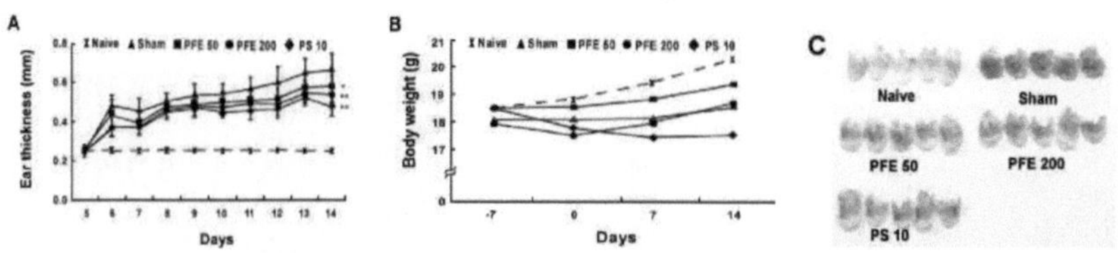


Figura 1. Efeito do PFE na espessura e no peso da orelha tratada com TMA
(A) O PFE suprimiu significativamente o aumento da espessura da orelha induzido pela TMA em ratinhos. A DAC experimental foi induzida nas orelhas de ratinhos BalB/c por tratamento com TMA durante 9 dias. Após sensibilização com TMA, o controlo do veículo, PFE 50 mg/kg, PFE 250 mg/kg, ou prednisolona 10 mg/kg foram administrados diariamente por via oral durante 2 semanas. O edema auricular foi avaliado de dois em dois dias durante 9 dias. (B) O PFE não afecta o peso corporal do rato. Os pesos corporais dos ratinhos foram medidos todas as semanas durante 3 semanas. (C) Imagem representativa que mostra o efeito anti-ACD do PFE. As imagens das orelhas dos ratinhos foram registadas com uma câmara digital (Samsung, Coreia) após a eutanásia dos ratinhos no final da experiência. As imagens apresentadas são representativas das imagens de 10 ratinhos.

Para investigar os efeitos do PFE na dermatite de contacto alérgica (DCA), realizámos um estudo de DCA crónica induzida por TMA (Schneider et al., 2009). A prednisolona (PS) foi utilizada como controlo positivo. Observou-se que o tratamento repetido de TMA causou aumentos na espessura da orelha, enquanto a administração oral de PFE e PS suprimiu significativamente esse efeito (Figura 1A). Como relatado anteriormente, o tratamento com PS causou gradualmente reduções no peso corporal, mas o tratamento com PFE não (Figura 1B). As observações da aparência da orelha dos ratinhos determinaram que o PFE inibe a expansão dos vasos sanguíneos e a vermelhidão induzida pela TMA (Figura 1C). O aumento da espessura da epiderme e a infiltração de células T são sintomas representativos da dermatite de contacto alérgica. Por conseguinte, procurámos medir a espessura epidérmica, bem como a infiltração de células CD4+ , consideradas como um marcador da atividade das células T auxiliares. Os resultados da coloração H&E mostraram que o tratamento com TMA aumentou a espessura da epiderme (Figura 2A). A análise de imunofluorescência também mostrou que a aplicação crónica de TMA nas orelhas dos ratinhos aumentou a infiltração de células $CD4^{+}$ , enquanto a administração oral de PFE e PS suprimiu fortemente estes efeitos *in vivo* (Figura 2B).

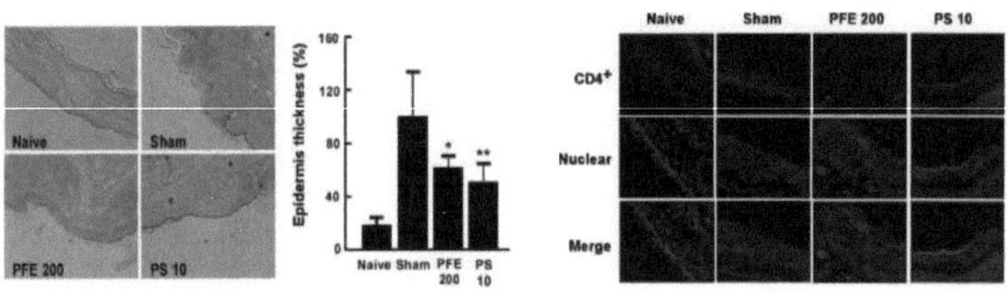


A B

Figura 2. Efeitos do PFE na espessura epidérmica tratada com TMA e na infiltração de células CD4+ em orelhas de rato
(A) O PFE inibe os aumentos induzidos pela TMA na espessura epidérmica do tecido da orelha do rato. Imagens coradas com hematoxilina e eosina
de orelhas de ratinho tratadas com TMA. As imagens são representativas dos resultados de 10 amostras de tecido.
Depois de os ratinhos terem sido tratados como descrito na Figura 1A, as orelhas foram excisadas, seccionadas, montadas em lâminas
e coradas com hematoxilina e eosina para medição da espessura epidérmica. As barras representam a % espessura relativa da epiderme em comparação com o grupo tratado com TMA de 10 animais. Os resultados são apresentados como média ±
SEM ($n$ = 5). Os asteriscos (*) e (**) indicam diferenças significativas de $p < 0,05$ ou $p < 0,01$, respetivamente,
entre os grupos de ratinhos tratados com PFE e não tratados com TMA. (B) O PFE inibe a infiltração de células
infiltração de células CD4+ induzida por TMA no ouvido do ratinho. Depois de os ratinhos terem sido tratados como descrito na Figura 1A, os
orelha foram montados como descrito na Figura 2A e foram efectuados ensaios de imunofluorescência para detetar
11
Células CD4+ positivas. São apresentadas fotografias representativas de um mínimo de 3 réplicas. As células CD4+ positivas são evidentes como coloração vermelha e os núcleos foram contra-corados com DAPI (azul).

### *3.2 Efeito do PFE na produção de IgE, mMCP-1 e IL-1f induzida por TMA e nos níveis de expressão do ARNm de IL-1 в in vivo*

Uma vez que os anticorpos IgE estão entre as primeiras moléculas de defesa a responder a agentes patogénicos (Gould & Sutton, 2008) e que foram detectados níveis aumentados de IgE em doentes com DCA (Tokura, 2010), investigámos o efeito do PFE nos níveis de IgE induzidos pela TMA no soro de ratinho. Os resultados mostraram que o aumento anormal dos níveis de IgE após o tratamento com TMA foi significativamente suprimido pela administração oral de PFE, enquanto o tratamento com PS não teve esse efeito (Figura 3A). Verificou-se que a síntese e a secreção de MCP-1 estão intimamente relacionadas com a expressão de IgE (Eglite et al., 2003). Assim, procurámos determinar se o PFE afecta a expressão de MCP-1. O PFE suprimiu a expressão de mMCP-1 induzida por TMA no soro do rato (Figura 3B). Além disso, a administração de PFE suprimiu significativamente a IL-10, uma citocina pró-inflamatória, em termos de expressão de mRNA e proteína (Figuras 3C e 3D).

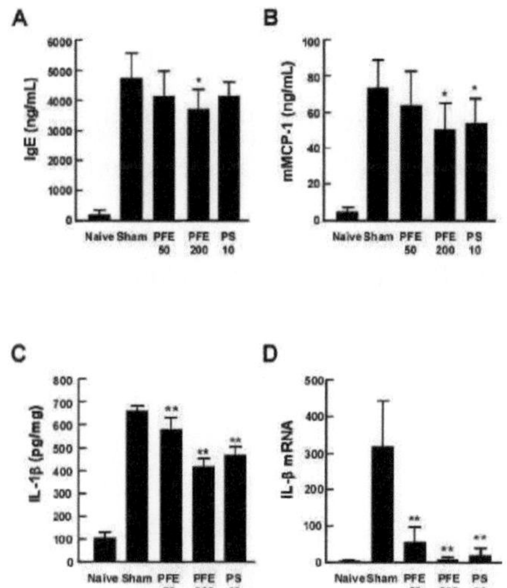


Figura 3. Efeito do PFE na produção de IgE, mMCP-1 e IL-ip induzida pelo TMA e na expressão do ARNm da IL-ip em orelhas de ratinho

O PFE inibe a expressão de IgE induzida por TMA (A), mMCP-1 (B) e IL-ip (C) em orelhas de ratos. Depois de os ratos terem sido tratados como descrito na Figura 1A, as orelhas foram excisadas e as proteínas extraídas com tampão para ELISA. O conteúdo de citocinas recuperadas foi analisado por ELISA. (D) O PFE inibe a expressão do mRNA da IL-ip induzida por TMA. Depois de os ratinhos terem sido tratados como descrito na Figura 1A, as orelhas foram excisadas e a extração foi efectuada com tampão de extração de ARN. A expressão do ARNm da IL-ip foi detectada utilizando RT-PCR, conforme descrito nos Materiais e Métodos. Os resultados são apresentados como média ± SEM ($n$ = 5). Os asteriscos (*) e (**) indicam diferenças significativas de $p < 0,05$ ou $p < 0,001$, respetivamente, entre os grupos de ratinhos tratados com PFE e não tratados com TMA. Os dados são representativos de três experiências independentes que apresentaram resultados semelhantes.

### *3.3 Efeitos do PFE na expressão de citocinas Th2 induzidas por TMA*

A desregulação das populações de células Thl ou Th2 que produzem níveis aberrantes de citocinas é uma das principais causas da dermatite de contacto alérgica (Bieber, 2008). Devido à observação de que a análise ELISA com extrato de tecido do ouvido mostrou que a TMA não afecta a produção de IFN-Y (dados não apresentados), excluímos a possibilidade de estas citocinas estarem envolvidas na dermatite de contacto alérgica induzida pela TMA. O tratamento repetitivo de orelhas de ratinhos com TMA aumentou os níveis de IL-4 e IL-5, que por sua vez foram suprimidos pela administração oral de PFE (Figuras 4A e 4B). A expressão do ARNm da IL-4 também foi suprimida pela administração oral de PFE (Figura 4C).

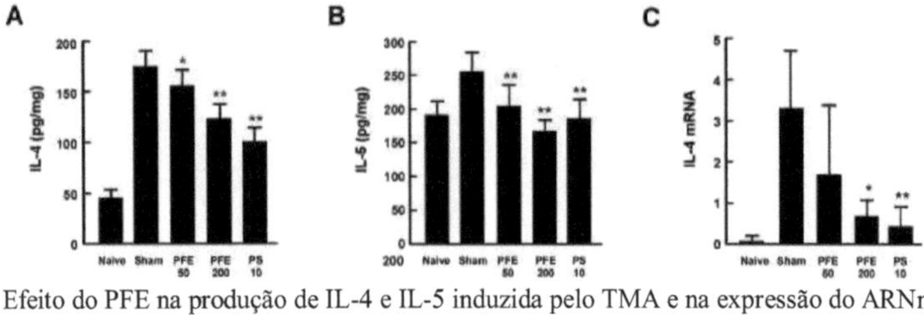


Figura 4. Efeito do PFE na produção de IL-4 e IL-5 induzida pelo TMA e na expressão do ARNm da IL-4 em orelhas de ratinho

O PFE suprime a produção de IL-4 (A) e IL-5 (B) induzida por TMA em orelhas de ratos. Depois de os ratos terem sido tratados conforme descrito na Figura 1A, as orelhas foram excisadas e as proteínas extraídas com tampão para ELISA. O conteúdo de citocinas recuperadas foi analisado por ELISA. (B) O PFE suprime a expressão de mRNA de IL-4 induzida por TMA em orelhas de camundongos. Depois de os ratinhos terem sido tratados conforme descrito na Figura 1A, as orelhas foram excisadas e extraídas com tampão de extração de

ARN. A expressão de mRNA de IL-4 foi detectada por RT-PCR. Os dados são apresentados como a média ± SD de três experiências independentes. Os asteriscos (*) e (**) indicam diferenças significativas *dep* < 0,05 e

13

$p < 0,01$, respetivamente, entre os grupos com e sem PFE.

### *3.4 Efeitos do PFE na expressão de citocinas Th2 e de ARNm GATA3 induzida por OVA em esplenócitos primários de ratinho em cultura e na fosforilação de STAT-6 induzida por IL-4 em esplenócitos primários de ratinho em cultura e em queratinócitos humanos imortalizados*

O modelo de rato induzido por OVA é adequado para estudar a alergenicidade com compostos de origem natural (Savinko et al., 2013). Observámos que o PFE suprime significativamente a produção de citocinas Th2 induzida pela OVA, incluindo IL-4, IL-5 e IL-13 (Figuras 5A-5C). Além disso, o PFE suprimiu significativamente a expressão do mRNA GATA3 induzida pela OVA (Figura 5D). O STAT desempenha um papel crítico na diferenciação das células Th através da regulação do GATA3, um fator de transcrição mestre Th2. Para investigar o efeito do PFE na sinalização STAT6 induzida por IL-4, realizámos uma análise Western blot com duas linhas celulares. Os resultados mostram que o PFE suprime fortemente a fosforilação de STAT6 induzida por IL-4 tanto nas células esplenoyctes como nas células HaCaT (Figuras 5E e 5F).

### *3.5 Efeitos dos compostos de PFE na produção de citocinas Th2 induzida por OVA em esplenócitos primários de ratinho em cultura*

Procurámos determinar qual o componente do PFE que exerce o maior efeito inibitório na produção de citocinas Th2 induzida pela OVA em esplenócitos primários de rato em cultura. Os resultados revelaram que a piperina suprime significativamente a produção de IL-4, IL-5 e IL-13 induzida pela OVA, mas o piperonal não (Figura 6).

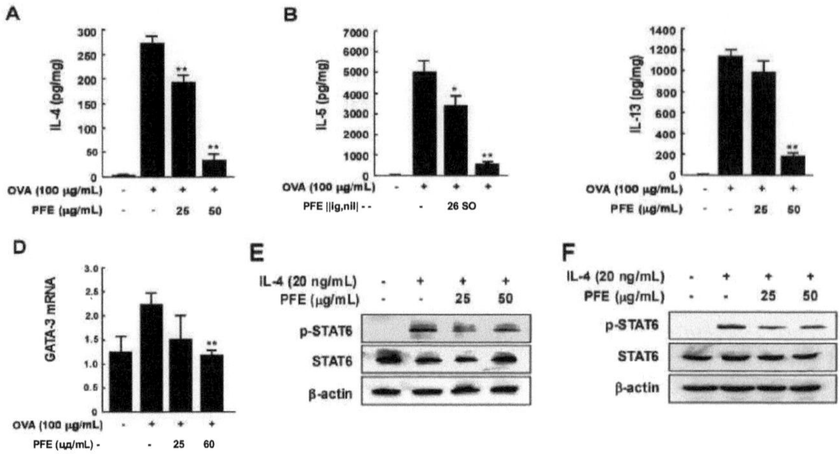


Figura 5. Efeitos do PFE na produção de citocinas Th2 induzidas por OVA e na expressão do ARNm GATA3 em esplenócitos de cultura primária e na fosforilação de STAT6 induzida por IL-4 em esplenócitos de cultura primária e queratinócitos humanos

O PFE suprime a produção de IL-4 (A), IL-5 (B) e IL-13 (C) induzida pela OVA. Após a sensibilização de ratinhos com OVA, as células homogeneizadas do baço foram incubadas com PFE e PS na presença ou ausência de OVA, e os meios de cultura foram analisados por ELISA para detetar os níveis das citocinas IL-4, IL-5 e IL-13. (D) O PFE suprime a expressão do mRNA GATA3 induzida pela OVA em esplenócitos de cultura primária. Depois de os ratinhos terem sido tratados como descrito na Figura 5A, a proteína de células individuais homogeneizadas em cultura foi extraída utilizando o tampão de extração de ARN. A expressão do ARNm do GATA3 foi detectada por RT-PCR. Os dados são apresentados como a média ± SD de três experiências independentes. Os asteriscos (*) e (**) indicam diferenças significativas *dep* < 0,05 *ep* < 0,01, respetivamente, entre os grupos com e sem PFE. (E) O PFE inibe a fosforilação de STAT6 induzida por IL-4 em esplenócitos de cultura primária. Depois de os ratinhos terem sido tratados como descrito na Figura 5A, as células individuais homogeneizadas do baço foram cultivadas com concanvalina A durante 2 dias. O PFE foi pré-tratado nos esplenócitos em cultura, 1 h antes do tratamento com IL-4 durante 15 min, nas concentrações indicadas (25 e 50 pg/mL) durante 1 h, novamente estimulado com o tratamento com IL-4 e colhido 15 min mais tarde. (F) O PFE inibe a fosforilação de STAT6 induzida por IL-4 em queratinócitos humanos. As células foram pré-tratadas com PFE nas concentrações indicadas (25 e 50 pg/mL) durante 1 h, estimuladas com tratamento com IL-4 e colhidas 15 min mais tarde. A fosforilação e a expressão dos níveis de STAT6 foram determinadas por Western blotting com anticorpos específicos. Os dados são representativos de três experiências independentes que apresentaram resultados semelhantes.

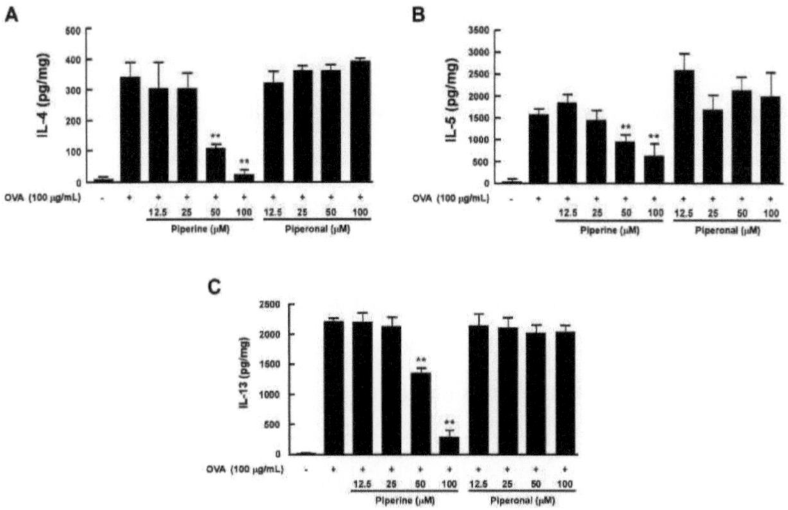


Figura 6. Efeito da piperina e do piperonal na expressão de citocinas Th2 induzida pela
A piperina inibe a produção de IL-4 (A), IL-5 (B) e IL-13 (C) induzida pela OVA em esplenócitos de cultura primária. Depois de os ratinhos terem sido tratados como descrito na Figura 5A, as células individuais homogeneizadas do baço foram tratadas com piperina e piperonal na presença ou ausência de OVA, e os meios de cultura foram analisados por ELISA para detetar a expressão das citocinas IL-4, IL-5 e IL-13. Os dados são apresentados como a média ± DP de três experiências independentes. Os asteriscos (*) e (**) indicam diferenças significativas *de* p < 0,05 e *p* < 0,01, respetivamente, entre os grupos com e sem PFE.

# 4. Discussão

As respostas imunitárias desreguladas aos agentes patogénicos causam reacções inflamatórias no corpo do hospedeiro. Quando haptenos com menos de 500 daltons penetram na pele, os sistemas de defesa imunitária tentam remover os haptenos sozinhos ou com a ajuda de proteínas conjugadas com haptenos (Kaplan et al., 2012). Durante este passo, uma variedade de células imunitárias, incluindo células de Langerhans, células dendríticas dérmicas, linfócitos T e queratinócitos, estão envolvidas na resposta imunitária e acabam por causar inflamação cutânea (Honda et al., 2013). A nível mundial, 15-20% do público em geral sofre dos sintomas da DAC, incluindo prurido e dor (Peiser et al., 2012). Embora os tratamentos farmacológicos

Os agentes cortisol, prednisolona e dexametasona são utilizados para o tratamento de alergias, inflamação e doenças auto-imunes, os efeitos secundários destes fármacos têm impulsionado tentativas para desenvolver agentes imunomoduladores mais eficazes (Berthelot et al., 2013). Do ponto de vista dos alimentos funcionais, são necessárias provas dos efeitos preventivos dos compostos naturais contra a DCA antes de esses materiais poderem ser utilizados em preparações farmacêuticas.

*A Piper nigrum* é amplamente utilizada como especiaria e tem sido relatada como apresentando várias propriedades benéficas, incluindo atividade antibacteriana (Paulkumar et al., 2014) e melhorias na função de memória (Hritcu et al., 2014). Além disso, observou-se que a piperina de *Piper nigrum* exerce um efeito supressor na asma induzida por OVA (Kim & Lee, 2009). No entanto, até à data, o fruto da *Piper nigrum* e os seus efeitos biológicos na DCA permanecem pouco claros. Várias linhas de evidência sugerem que os modelos de roedores são ideais para o desenvolvimento de materiais anti-ACD porque a dermatite de roedores induzida por haptenos partilha sintomas comuns com a dermatite humana (Schneider et al., 2009). Por conseguinte, adoptámos um modelo de dermatite em roedores induzida por TMA e prednisolona como controlo positivo para investigar os efeitos do PFE na dermatite induzida por TMA (Schneider et al., 2009).

Começámos por investigar se o PFE alivia a dermatite induzida por TMA medindo a espessura da orelha e da epiderme. Os resultados mostraram que o PFE suprimiu fortemente o aumento da espessura da orelha e da epiderme induzido pelo TMA, para além da vermelhidão e do inchaço após administração oral. O PFE também suprimiu fortemente o recrutamento de células T helper induzido pelo TMA no tecido da orelha do rato. Nos nossos estudos, para avaliar os efeitos preventivos do PFE na DAC induzida por TMA, realizámos uma administração oral antes da sensibilização por TMA, e os dados resultantes indicam que o PFE exerce um efeito preventivo na DAC crónica induzida por TMA.

As citocinas das células T auxiliares e os anticorpos das células B desempenham papéis importantes nas respostas alérgicas (Honda et al., 2013). No nosso estudo de rastreio, descobrimos que o PFE suprime significativamente a produção de IgE e IL-4 (dados não apresentados). Em seguida, tentámos determinar o efeito do PFE na produção de IgE induzida por TMA e 17

expressão de citocinas *in vivo.* Embora o PFE tenha suprimido significativamente a produção de IgE e mMCP-1 induzida por TMA, seu efeito foi marcadamente menor do que o observado para a produção de citocinas Th2. Por isso, optámos por nos concentrar na expressão de citocinas e nas células Th como principais respondedores imunitários na presença de PFE. Embora a desregulação das citocinas Th1 e Th2 seja considerada como um importante contribuinte para o desenvolvimento da DAC, o conceito está a mudar com novas descobertas substanciais (Furuzawa-Carballeda et al., 2007). Curiosamente, nos nossos estudos, o IFN gama, uma citocina Th1 representativa, não foi afetado pelo PFE (dados não apresentados). Um estudo anterior que estabeleceu o modelo de roedores com TMA crónica também revelou que a prednisolona não afecta a produção de IgE induzida por TMA, apesar de ter um efeito supressor na dermatite induzida por TMA (Schneider et al., 2009). Verificámos que a administração oral de PFE suprimiu fortemente a produção de IL-4 e IL-5 induzida pela TMA, bem como a expressão do ARNm da IL-4 *in vivo.* Um estudo anterior revelou que a exposição crónica de TMA à pele de roedores aumenta a produção de citocinas Th2, incluindo IL-5, mas não de citocinas Th1, como IFN-y (Hopkins et al., 2005). Também confirmámos o efeito do PFE na expressão de citocinas Th2 induzida pela OVA, incluindo IL-4, IL-5 e IL-13. Além disso, os resultados do ensaio Western blot também apoiam a nossa hipótese de que o PFE inibe a fosforilação de STAT6 tanto em esplenócitos de roedores em cultura primária como em queratinócitos humanos. Os resultados indicam que o efeito preventivo do PFE na dermatite se deve à supressão da produção de citocinas Th2 induzida pelo tratamento crónico de TMA.

A piperina foi um dos primeiros compostos activos isolados do fruto de *P. nigrum* (Scott et al., 2005). Foi, portanto, o principal suspeito responsável pelos efeitos do PFE em termos de propriedades anti-ACD. No nosso estudo, observou-se que a piperina exerce um efeito inibitório na produção de citocinas Th2 induzida pela OVA, incluindo IL-4, IL-5 e IL-13, mas o piperonal não teve esse efeito. Embora a peridina também pareça ser um composto ativo no PFE, são necessários mais estudos para investigar a sua eficácia e as vias metabólicas envolvidas, porque as eventuais estruturas de compostos presentes no corpo humano dependem do metabolismo e dos métodos de extração.

Em conjunto, os nossos resultados sugerem que o PFE inibe significativamente a DAC induzida por TMA em ratinhos. Esta inibição ocorre principalmente através da inibição de citocinas Th2, ocorrendo através da redução da fosforilação de STAT e da expressão do mRNA GATA3. A inibição terapêutica das citocinas Th2 pelo PFE pode trazer benefícios clínicos para o tratamento mais eficaz da dermatite. Este é o primeiro relatório a elucidar aspectos da base molecular para os efeitos anti-ACD do PFE.

**Referências**


Berthelot, J. M., Le Goff, B., & Maugars, Y (2013). Efeitos secundários das injecções de corticosteróides: o que há de novo? *Joint Bone Spine, 80(4),* 363-367. http://dx.doi.org/10.1016/j.jbspin.2012.12.001

Bieber, T. (2008). Dermatite atópica. *N Engl J Med, 358(14),* 1483-1494. http://dx.doi.org/10.1056/NEJMra074081

Cho, E., & Cho, S. H. (2013). Efeitos do extrato de ginseng vermelho coreano na prevenção da dermatite atópica e seu mecanismo nas lesões iniciais em um modelo murino. *J Ethnopharmacol, 145(1),* 294-302. http://dx.doi.org/10.1016/j.jep.2012.11.006

Choi, J. H., Jin, S. W, Han, E. H., Park, B. H., Kim, H. G., Khanal, T., ... Jeong, H. G. (2014). As saponinas derivadas da raiz de Platycodon grandiflorum atenuam as lesões cutâneas semelhantes à dermatite atópica através da supressão de NF-kappaB e STAT1 e da ativação da heme oxigenase-1 mediada por Nrf2 / ARE. *Phytomedicine, 21*(8-9), 1053-1061. http://dx.doi.org/10.1016/j.phymed.2014.04.011

Eglite, S., Morin, J. M., & Metzger, H. (2003). Síntese e secreção da proteína quimiotáctica de monócitos-1 estimulada pelo recetor de alta afinidade para IgE. *J Immunol, 170(5),* 2680-2687. http://dx.doi.org/10.4049/jimmunol.170.5.2680

Furuzawa-Carballeda, J., Vargas-Rojas, M. I., & Cabral, A. R. (2007). Autoimmune inflammation from the Th17 perspective. *Autoimmun Rev, 6*(3), 169-175. http: //dx.doi. org/ 10.1016/j. autrev.2006.10.002

Gould, H. J., & Sutton, B. J. (2008). IgE in allergy and asthma today. *Nat Rev Immunol, 8*(3), 205-217. http://dx.doi.org/10.1038/nri2273

Hirata, N., Naruto, S., Inaba, K., Itoh, K., Tokunaga, M., Iinuma, M., & Matsuda, H. (2008). Atividade inibidora da libertação de histamina da folha de Piper nigrum. *Biol Pharm Bull, 31*(10), 1973-1976. http://dx.doi.org/10.1248/bpb.31.1973

Honda, T., Egawa, G., Grabbe, S., & Kabashima, K. (2013). Atualização de eventos imunológicos no modelo murino de hipersensibilidade de contato: para a compreensão da dermatite alérgica de contato. *J Invest Dermatol, 133(2),* 303-315. http://dx.doi.org/10.1038/jid.2012.284

Hopkins, J. E., Naisbitt, D. J., Kitteringham, N. R., Dearman, R. J., Kimber, I., & Park, B. K. (2005). Haptenação selectiva de proteínas celulares ou extracelulares por alergénios químicos: associação com a polarização de citocinas. *Chem Res Toxicol, 18(2),* 375-381. http://dx.doi.org/10.1021/tx049688+

Hritcu, L., Noumedem, J. A., Cioanca, O., Hancianu, M., Kuete, V., & Mihasan, M. (2014). O extrato metanólico de frutas Piper nigrum melhora o comprometimento da memória ao diminuir o estresse oxidativo cerebral no modelo de rato amiloide beta (1-42) da doença de Alzheimer. *Cell Mol Neurobiol, 34*(3), 437-449. http://dx.doi.org/10.1007/s10571-014-0028-y

Jin, J. H., Ngoc, T. M., Bae, K., Kim, Y. S., & Kim, H. P (2011). Inibição da dermatite atópica experimental pelo ruibarbo (rizomas de Rheum tanguticum) e inibição da 5-lipoxigenase do seu principal constituinte, a emodina. *Phytother Res, 25*(5), 755-759.

Kaplan, D. H., Igyarto, B. Z., & Gaspari, A. A. (2012). Eventos imunológicos iniciais na indução de dermatite alérgica de contato. *Nat Rev Immunol, 12*(2), 114-124.

Kim, B. H., Na, K. M., Oh, I., Song, I. H., Lee, Y S., Shin, J., & Kim, T. Y. (2013). Kurarinone regula as respostas imunes através da regulação das vias de sinalização JAK / STAT e mediadas por TCR. *Biochem Pharmacol, 85*(8), 1134-1144. http://dx.doi.org/10.1016zj.bcp.2013.01.005

Kim, S. H., & Lee, Y. C. (2009). A piperina inibe a infiltração de eosinófilos e a hiperresponsividade das vias aéreas, suprimindo a atividade das células T e a produção de citocinas Th2 no modelo de asma induzido pela ovalbumina. *J Pharm Pharmacol, 61(3),* 353-359. http://dx.doi.org/10.1211/jpp.61.03.0010

Martin, S. F. (2004). Respostas imunitárias mediadas por linfócitos T a haptenos químicos e iões metálicos: implicações para a doença alérgica e autoimune. *Int Arch Allergy Immunol, 134(3),* 186-198. http://dx.doi.org/10.1159/000078765

Mosmann, T. R., Cherwinski, H., Bond, M. W., Giedlin, M. A., & Coffman, R. L. (2005). Dois tipos de clones de células T auxiliares murinas. I. Definição de acordo com perfis de actividades de linfocinas e proteínas segregadas. 1986. *J Immunol, 175(1),* 5-14.

Murphy, K. M., & Stockinger, B. (2010). Plasticidade das células T efectoras: flexibilidade face a circunstâncias em mudança. *Nat Immunol, 11*(8), 674-680. http://dx.doi.org/10.1038/ni.1899

Paulkumar, K., Gnanajobitha, G., Vanaja, M., Rajeshkumar, S., Malarkodi, C., Pandian, K., & Annadurai, G. (2014). Síntese verde assistida por folha e caule de Piper nigrum de nanopartículas de prata e avaliação de sua atividade antibacteriana contra patógenos de plantas agrícolas. *ScientificWorldJournal, 2014,* 829894.

Peiser, M., Tralau, T., Heidler, J., Api, A. M., Arts, J. H., Basketter, D. A., ... Luch, A. (2012). Dermatite alérgica de contacto: epidemiologia, mecanismos moleculares, métodos in vitro e aspectos regulamentares. Conhecimentos actuais reunidos num workshop internacional no BfR, Alemanha. *Cell Mol Life Sci, 69*(5), 763-781. http://dx.doi.org/10.1007/s00018-011-0846-8

Savinko, T., Karisola, P., Lehtimaki, S., Lappetelainen, A. M., Haapakoski, R., Wolff, H., ... Alenius, H. (2013). ST2 regula a inflamação alérgica das vias aéreas e a polarização das células T em ratos sensibilizados epicutaneamente. *J Invest Dermatol, 133*(11), 2522-2529. http://dx. doi.org/ 10.1038/jid.2013.195

Schneider, C., Docke, W D., Zollner, T. M., & Rose, L. (2009). Modelo de rato crónico de hipersensibilidade de contacto induzida por TMA. *J Invest Dermatol, 129(4),* 899907. http://dx.doi.org/10.1038/jid.2008.307

Scott, I. M., Puniani, E., Jensen, H., Livesey, J. F., Poveda, L., Sanchez-Vindas, P., ... Arnason, J. T. (2005). Análise de germoplasma de Piperaceae por HPLC e LCMS: um método para isolar e identificar amidas insaturadas de extractos de Piper spp. *J Agric Food Chem,* *53*(6), 1907-1913. http://dx.doi.org/10.1021/jf048305a

Szabo, S. J., Kim, S. T., Costa, G. L., Zhang, X., Fathman, C. G., & Glimcher, L. H. (2000). Um novo fator de transcrição, T-bet, dirige o compromisso da linhagem Th1. *Cell, 100*(6), 655-669. http://dx.doi.org/10.1016/S0092-8674(00)80702-3

Tokura, Y (2010). Tipos extrínsecos e intrínsecos de dermatite atópica. *J Dermatol Sci, 58*(1), 1-7. http://dx.doi.org/10.1016/j.jdermsci.2010.02.008

Zhu, J., Yamane, H., & Paul, W. E. (2010). Diferenciação de populações de células T CD4 efectoras (*). *Annu Rev Immunol, 28,* 445-489. http://dx.doi.org/10.1146/annurev-immunol-030409-101212

# A administração oral do extrato *de Achyranthis radix* previne a dermatite de contacto alérgica induzida por TMA através da regulação da produção de citocinas e quimiocinas Th2 *in vivo*

**Sung Keun Jung [1,2,t], Dae Woon Choi [1,2,t], e Dong-Hwa Shon [1A*]**

Recebido: 25 de agosto de 2015; Aceite: 26 de novembro de 2015; Publicado: data

Editor Académico: Maurizio Battino

[1] Grupo de Investigação de Nutracêuticos para a Síndrome Metabólica, Instituto de

Investigação Alimentar da Coreia,
Seongnam 13539, Coreia;skjung@kfri.re.kr (S.K.J.);choidw19@gmail.com (D.W.C.);
ksloveda@naver.com (D.-A.K.);kiseung@kfri.re.kr (K.S.S.)

[2] Programa de Biotecnologia Alimentar, Universidade de Ciência e Tecnologia da Coreia, Daejeon 34113, Coreia

[3] Grupo de Investigação do Mecanismo Metabólico, Instituto de Investigação Alimentar da Coreia, Seongnam 13539, Coreia; kmj@kfri.re.kr

* Correspondência:dhs95@kfri.re.kr ; Tel: +82-31-780-9133; Fax: +82-31-709-9876 t Estes autores contribuíram igualmente para este trabalho.

**Resumo:** A dermatite de contacto alérgica (DCA) continua a ser uma das principais doenças de pele em muitos países, sendo necessária a descoberta de agentes anti-DAA novos e eficazes. Neste estudo, investigámos os efeitos preventivos do extrato de *Achyranthis radix* (AcRE) na dermatite induzida por anidrido trimelítico (TMA) e o potencial mecanismo de ação envolvido. A administração oral de AcRE e prednisolona (PS) suprimiu significativamente os aumentos induzidos pelo TMA na orelha e na espessura epidérmica e na expressão de IgE. Além disso, a expressão anormal da proteína e do ARNm da IL-10 e do TNF-a foi também significativamente atenuada pela administração oral de AcRE. O tratamento com AcRE também suprimiu significativamente as citocinas IL-4 e IL-13 induzidas por TMA e a expressão de mRNA *in vivo.* Além disso, o AcRE suprimiu fortemente a produção de IL-4 e IL-5 induzida pela TMA nos gânglios linfáticos de drenagem, bem como a expressão de IL-4 e IL-5 induzida pela OVA em esplenócitos de cultura primária. Curiosamente, o AcRE suprimiu a fosforilação de STAT6 induzida por IL-4 tanto em esplenócitos de cultura primária como em células HaCaT, e a expressão de mRNA GATA3 induzida por TMA *ex vivo.* O AcRE também suprimiu a expressão do ARNm do CCL11 mediada pela TMA e do CCL26 induzida pela IL-4 e a infiltração de células CCR3 positivas. Os principais compostos do AcRE foram identificados como ácido gentísico (0,64 ± 0,2 pg/g de peso seco do AcRE), ácido protocatecuico (2,69 ± 0,1 pg/g de peso seco do AcRE), ácido 4-hidroxibenzóico (5.59 ± 0,3 pg/g de peso seco de AcRE), ácido cafeico (4,21 ± 0,1 pg/g de peso seco de AcRE) e ácido ferúlico (14,78 ± 0,4 ± 0,3 pg/g de peso seco de AcRE). Em conjunto, estes resultados sugerem que o AcRE tem potencial para ser desenvolvido como um agente para prevenir e tratar a dermatite de contacto alérgica.

**Palavras-chave:** *Achyranthis radix;* dermatite de contacto alérgica; citocinas Th2; quimiocinas; STAT6

# Capítulo 2

## 1. Introdução

A dermatite de contacto alérgica (DCA) é uma doença inflamatória imunológica complexa da pele, que afecta 15%-20% da população geral em todo o mundo [1]. Para a investigação da DCA, foram propostos numerosos modelos de ratinhos que envolvem a utilização de haptenos químicos que penetram através da barreira do estrato córneo da pele epidérmica, tais como o anidrido trimelítico (TMA) e o 2,4-dinitroclorobenzeno (DNCB) [2,3]. Os haptenos e as proteínas haptenizadas podem ativar a resposta imunitária inata na pele, provocando a produção anormal de citocinas pró-inflamatórias, incluindo IL-10 e TNF-a, que por sua vez promovem a migração e a maturação das células dendríticas da pele (DCs) [4,5]. Para além da resposta das CD a esses haptenos, os queratinócitos activados produzem IL-ip e TNF-a [6]. Estas citocinas estimulam as DCs a migrar para os gânglios linfáticos de drenagem na pele e recrutam células T efectoras activadas para o local inicial de encontro com o alergénio [5].

Um passo crítico no desenvolvimento de doenças alérgicas da pele é a geração de células T auxiliares CD4+ específicas do alergénio [7]. Observou-se que o tratamento da pele do rato com TMA induz a infiltração de células T auxiliares e aumenta a produção de citocinas Th2, incluindo interlukin-4 (IL-4), IL-5, IL-9 e IL-13, e IgE sérica [3]. Destas citocinas, a IL-4, que promove o desenvolvimento de Th2, está principalmente associada a doenças alérgicas e é produzida por células Th2, basófilos e mastócitos [8]. GATA-3 é o principal regulador Th2 responsável pela expressão do gene da citocina Th2 [9,10]. Estudos anteriores indicaram que a ativação de STAT6 induzida por IL-4 é crucial para a diferenciação das células Th2 e que a ativação de STAT6 induz uma expressão de alto nível do mRNA de GATA-3 nas células T CD4+ periféricas [11]. Por conseguinte, a regulação da produção de IL-4 e da fosforilação de STAT6/GATA3 mediada por IL-4 representa uma estratégia promissora para o tratamento da DCA.

Os membros da família das eotaxinas, que incluem 1/CCL11, 2/CCL24, e 3/CCL26, bem como o ligando CCR3, estão envolvidos no recrutamento de leucócitos durante a inflamação e pensa-se que regulam o recrutamento de eosinófilos durante a inflamação atópica da pele [12-14]. O CCR3 é considerado o principal recetor expresso pelos eosinófilos, mas também se encontra nos linfócitos T, basófilos e macrófagos [15]. Os fibroblastos e os queratinócitos produzem eotaxinas por estimulação da IL-4 [16,17].

As evidências sugerem que o consumo de alimentos naturais pode ajudar a atenuar a dermatite de contacto alérgica mediada por haptenos [18-20]. *O Achyranthis radix* tem sido utilizado como um medicamento oriental tradicional e é amplamente cultivado na Coreia, Japão e China [21]). Foi referido que o consumo de *Achyranthis radix* promove a circulação sanguínea e a diurese e melhora a saúde óssea [22-24]. Além disso, a análise HPLC revelou que *o Achyranthis radix* contém os compostos bioactivos polipodina B, ecdisterona, *25-R* inokosterona e *25-S* inokosterona. No entanto, o efeito do extrato de *Achyranthis radix* na DAC induzida pelo hapteno e os mecanismos de ação não foram previamente investigados.

No presente estudo, procurámos investigar as propriedades preventivas do extrato de *Achyranthis radix* no desenvolvimento de DAC induzido por TMA em roedores. Observámos que o tratamento com AcRE inibiu os aumentos induzidos pela TMA na espessura da orelha e da epiderme, bem como a produção de IgE, IL-10 e TNF-a. Além disso, o AcRE provocou efeitos inibitórios na expressão de IL-4, IL-5 e IL-13 induzida por TMA e OVA através da supressão da fosforilação de STAT6 e da expressão de mRNA GATA3. Além disso, a expressão do ARNm de CCL11 induzida por TMA e de CCL26 induzida por IL-4 e a infiltração
de células $CCR3^+$ foram suprimidas pelo AcRE. Estes resultados sugerem que o AcRE pode ser potencialmente desenvolvido para utilização como agente preventivo da DAC que inibe a produção de citocinas Th2 através da supressão da produção de quimiocinas e da sinalização STAT6/GATA3.

# 2. Resultados e discussão

### *2.1. O AcRE atenua o inchaço da orelha induzido por TMA e aumenta a espessura da epiderme e a produção de IgE no soro de ratos*

Para investigar o efeito inibitório do tratamento com AcRE na DCA, realizámos um estudo de DCA crónica induzida por TMA [3], com prednisolona (PS) utilizada como controlo positivo. Os aumentos da espessura da epiderme são sintomas representativos da dermatite de contacto alérgica [3]. Observou-se que o tratamento repetido com TMA provocou aumentos na espessura da orelha, e estes aumentos foram atenuados pela administração oral de AcRE e PS (Figura 1A). Os resultados da coloração H & E confirmaram que o tratamento com TMA aumentou a espessura da epiderme, enquanto a administração oral de AcRE e PS impediu esse efeito (Figura 1B). Devido ao facto de os anticorpos IgE serem uma das primeiras linhas de defesa [4] e de terem sido detectados níveis aumentados de IgE em doentes com DCA [25], investigámos

o efeito do AcRE nos níveis de IgE induzidos por TMA no soro de ratinho. Os resultados mostraram que o AcRE e o PS suprimiram a produção de IgE induzida por TMA no soro do rato (Figura 1C).

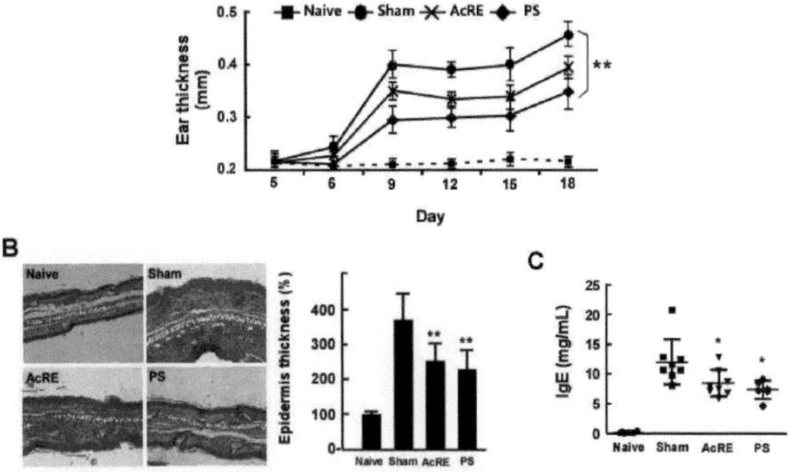


**Figura 1.** Efeito do AcRE na espessura da orelha tratada com TMA e nos níveis séricos de IgE. A DAC experimental foi induzida nas orelhas de ratinhos BALB/c após sensibilização com 5% de TMA (Dia 0) e por tratamento com 2% de TMA nos Dias 5, 8, 11, 14 e 17. AcRE 200 mg/kg ou prednisolona 10 mg/kg foram administrados por via oral diariamente a partir do dia 2. (**A**) O inchaço das orelhas foi medido 24 h após o tratamento com TMA; (**B**) As orelhas foram coradas com hematoxilina e eosina para a medição da espessura epidérmica. As barras representam a % de espessura relativa da epiderme *em comparação com* o grupo não tratado com TMA; (**C**) O aumento dos níveis séricos de IgE provocado pelo tratamento com TMA foi medido por ELISA. As marcas (-, ■,▼ , e ♦) indicam o grupo naive, o grupo sham, o grupo AcRE e o grupo PS, respetivamente. Os resultados são apresentados como média ± SEM. Os asteriscos (*) e (**) indicam diferenças significativas de $p$ <0.05 ou $p$ <0.001, respetivamente, entre os grupos tratados com AcRE e não

## *2.2. O AcRE suprime a produção de citocinas pró-inflamatórias induzidas por TMA e a expressão de ARNm no ouvido do ratinho*

A produção de citocinas pró-inflamatórias, incluindo a IL-10 e o TNF-a, tem estado intimamente ligada ao desenvolvimento da DAC [4,26]. Por conseguinte, procurámos investigar o efeito do AcRE na produção de IL-10 e TNF-a induzida pela TMA em orelhas de ratinhos. Os resultados do ensaio ELISA mostraram que a administração oral de AcRE atenuou significativamente os aumentos induzidos pela TMA na produção de citocinas IL-10 e TNF-a (Figura 2A,B). Além disso, a administração oral de AcRE e PS suprimiu significativamente o aumento da expressão de mRNA de IL-10 e TNF-a (Figura 2C,D).

*2.3. O AcRE suprime a produção de citocinas Th2 induzida por TMA no ouvido do rato*

Relatórios anteriores demonstraram que o tratamento com TMA regula as citocinas Th2, incluindo a IL-4, em maior grau do que as citocinas Thl [3]. Por conseguinte, investigámos o efeito do AcRE na produção de citocinas Th2 induzidas por TMA. Observou-se que a administração de AcRE suprimiu significativamente a produção de citocinas IL-4 e IL-13 induzidas por TMA e a expressão de ARNm na orelha do rato (Figura 3).

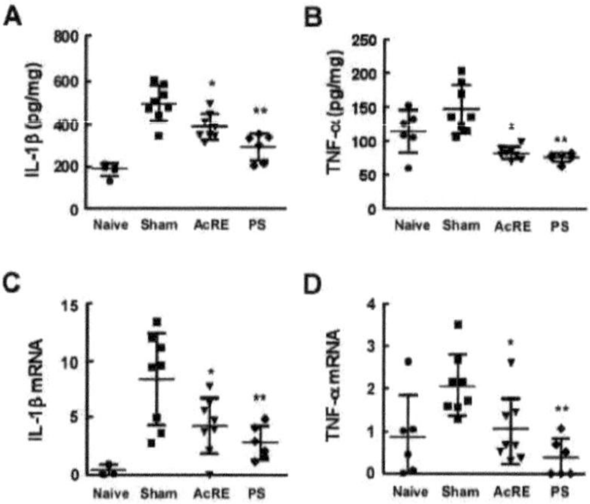


**Figura 2.** Efeito do AcRE na produção de citocinas IL-1P e TNF-a induzida por TMA e na expressão de mRNA em tecidos da orelha de camundongos. Depois de os ratinhos terem sido tratados como descrito na Figura 1, as orelhas foram excisadas e as proteínas extraídas com tampão para ELISA. O conteúdo de citocinas recuperadas (**A**) IL-1P e (**B**) TNF-a foi analisado por ELISA; (**C**) a expressão de mRNA de IL-1P e (**D**) TNF-a foi detectada por RT-PCR, conforme descrito em Materiais e Métodos. As marcas (-, ■,▼ e ♦) indicam o grupo naive, o grupo sham, o grupo AcRE e o grupo PS, respetivamente. Os resultados são apresentados como média ± SEM. Os asteriscos (*) e (**) indicam significância

diferenças de $p < 0,05$ ou $p < 0,001$, respetivamente, entre os grupos de ratinhos tratados com AcRE e não tratados com TMA.

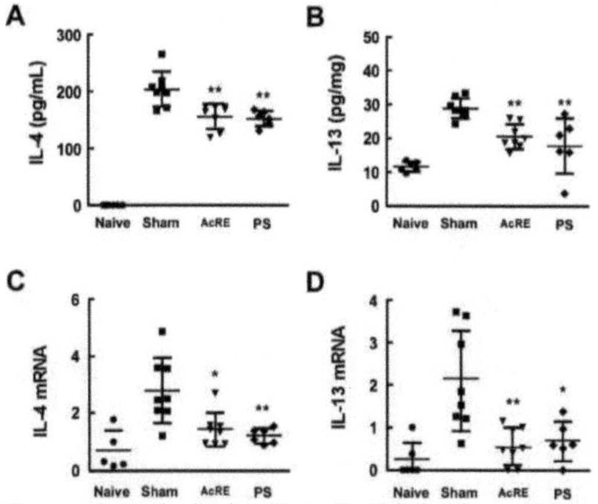


**Figura 3.** Efeito do AcRE na produção de citocinas IL-4 e IL-13 induzida por TMA e na expressão de mRNA em orelhas de camundongos. Depois de os ratinhos terem sido tratados como descrito na Figura 1, as orelhas foram excisadas e as proteínas extraídas com tampão para ELISA. O conteúdo de citocinas recuperadas (**A**) IL-4 e (**B**) IL-13 foi analisado por ELISA; (**C**) a expressão de mRNA de IL-4 e (**D**) IL-13 foi detectada por RT-PCR, conforme descrito nos Materiais e Métodos. Os resultados são apresentados como média ± DP. As marcas (-, ■,▼ e ♦) indicam o grupo naive, o grupo sham, o grupo AcRE e o grupo PS, respetivamente. Os asteriscos (*) e (**) indicam diferenças significativas *de* $p < 0,05$ ou $p < 0,001$, respetivamente, entre os grupos tratados com AcRE e não tratados de ratos tratados com TMA.

## *2.4. O AcRE suprime a produção de citocinas Th2 induzida por TMA no nódulo linfático drenante (DLN) do ratinho*

Para delinear melhor o efeito inibitório do AcRE na produção de citocinas Th2 induzidas por TMA, investigámos o nível de citocinas Th2 produzidas em DLN tratadas com TMA e em esplenócitos de cultura primária tratados com OVA. O AcRE suprimiu significativamente a produção de IL-4 e IL-5 induzida por TMA em DLN, bem como a produção de IL-4, IL-5 e IL-13 induzida por OVA em esplenócitos de cultura primária (Figura 4).

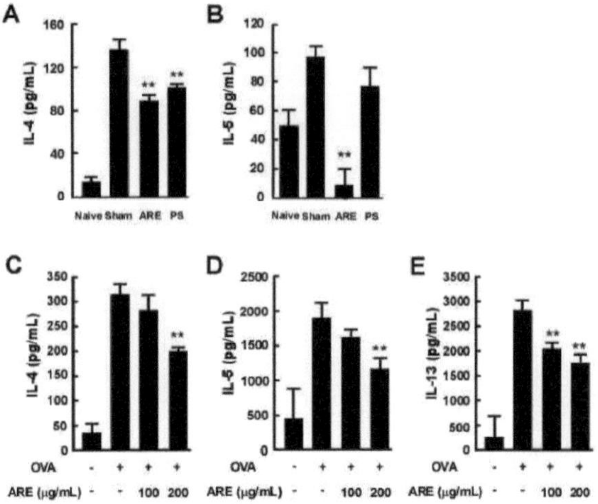


**Figura 4.** Efeito do AcRE na resposta Th2 induzida por TMA no DLN do rato e na produção de citocinas Th2 induzida por OVA em esplenócitos de cultura primária. Depois de os ratinhos terem sido tratados conforme descrito na Figura 1, o DLN foi excisado, agrupado num grupo experimental e preparada uma única célula. Para análise da produção de citocinas (**A**) IL-4 e (**B**) IL-5, o DLN foi cultivado a 1 x 10•células/mL (durante 48 h) na presença de Con A (2 pg/mL). A preparação de ratinhos alérgicos estimulados por OVA é descrita na secção Materiais e Métodos. Para a análise de (**C**) IL-4; (**D**) IL-5; e (**E**) IL-13, os esplenócitos de ratinhos alérgicos estimulados por OVA foram cultivados com AcRE na presença de OVA (100 pg/mL) durante 72 h. Os resultados são apresentados como média ± DP. O asterisco (**) indica diferenças significativas de $p <$ 0,001 entre os grupos tratados e não tratados com AcRE.

### *2.5. O AcRE suprime a fosforilação de STAT-6 induzida por IL-4 em esplenócitos primários de ratinho em cultura e em queratinócitos humanos imortalizados*

Uma vez que o STAT6 induzido por IL-4 desempenha um papel crítico na diferenciação de células T $CD4^+$ através da regulação da transcrição de GATA3 [27], procurámos determinar se o AcRE afecta a fosforilação de STAT6 e a expressão de mRNA de GATA3. Os resultados do ensaio de Western blot mostraram claramente que o AcRE suprime a fosforilação de STAT6 induzida por IL-4 tanto em esplenócitos de cultura primária como em células HaCaT de queratinócitos humanos (Figura 5A,B). Além disso, o AcRE suprimiu significativamente a expressão do mRNA GATA-3 induzida por TMA em DLN (Figura 5C).

*2.6. O AcRE afecta a infiltração de células CCR3$^{+}$ induzida por TMA e a produção de mRNA de CCL11 em tecido auditivo de ratinho e a expressão de mRNA de CCL26 induzida por IL-4 em células HaCaT*

As quimiocinas, também conhecidas como citocinas quimiotácticas, estão entre os factores mais importantes nas respostas imunitárias da pele que envolvem a infiltração de células imunitárias [28]. Investigámos os efeitos do AcRE na produção de quimiocinas induzidas por TMA no tecido da orelha do rato. Como se mostra na Figura 6B, o tratamento repetitivo com TMA aumentou a expressão de CCL11 mRNA, enquanto o AcRE impediu significativamente este efeito. Além disso, os níveis de ARNm de CCL26 foram aumentados pelo tratamento com IL-4, enquanto o tratamento com AcRE com IL-4 diminuiu significativamente em comparação com o tratamento apenas com IL-4 em células HaCaT de queratinócitos humanos (Figura 6C). Além disso, o tratamento prolongado com TMA aumentou a infiltração de células CCR3$^{+}$ , enquanto a administração de AcRE atenuou este efeito (Figura 6A).

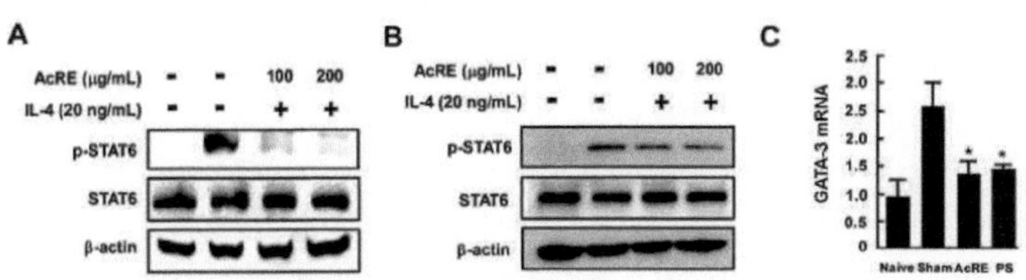


**Figura 5.** Efeito do AcRE na fosforilação de STAT6 induzida por IL-4 em esplenócitos de cultura primária e células HaCaT. Para análise da fosforilação de STAT6, os esplenócitos foram tratados conforme descrito nos Materiais e Métodos e cultivados com Con A durante dois dias. O AcRE foi pré-tratado nos esplenócitos cultivados (**A**) e nas células HaCaT (**B**), 1 h antes do tratamento com IL-4 durante 15 min. Para análise da expressão do mRNA GATA-3 (**C**), o DLN foi cultivado conforme descrito na Figura 4 (**A**,**B**). Os resultados são apresentados como média ± DP. O asterisco (*) indica diferenças significativas de $p < 0{,}05$ entre os grupos tratados e não tratados com AcRE.

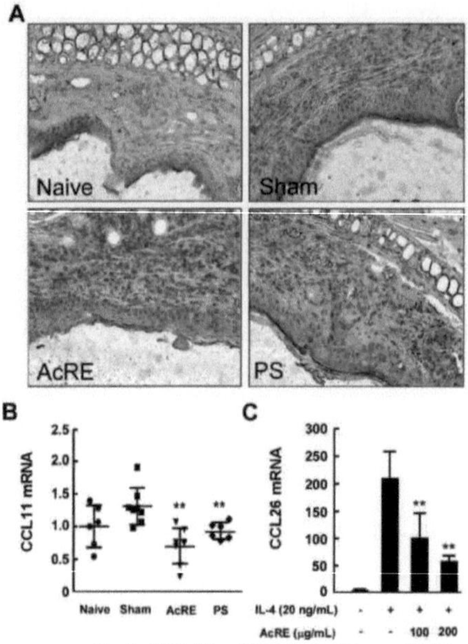


**Figura 6.** Efeitos do AcRE na expressão de CCL11 mRNA induzida por TMA no tecido da orelha do rato e na expressão de CCL26 mRNA induzida por IL-4 nas células HaCaT, e infiltração de células CCR3+ induzida por TMA no tecido da orelha do rato. Depois de os ratinhos terem sido tratados conforme descrito na Figura 1, as orelhas foram excisadas, montadas em lâminas e tratadas com anticorpos para a avaliação de (**A**) infiltração de células CCR3+ . (**B**) A expressão do ARNm do CCL11 foi detectada no tecido da orelha do ratinho tratado com TMA; (**C**) Para análise da expressão do ARNm do CCL26, as células HaCaT pré-incubadas foram tratadas com AcRE durante 1 h e estimuladas com IL-4 durante 24 h. Os resultados são apresentados como média ± DP. As marcas (-, ■,▼ , e ♦) indicam o grupo naive, o grupo sham, o grupo AcRE e o grupo PS, respetivamente. O asterisco (**) indica diferenças significativas *dep* < 0,001 entre os grupos tratados e não tratados com AcRE.

## *2.7. Identificação e quantificação de compostos fenólicos por análise UPLC-ESI-MS/MS*

De seguida, investigámos a presença de compostos fenólicos no AcRE. Os principais compostos fenólicos foram listados por comparação dos seus espectros de massa com os padrões (Figura 7). O ácido gentísico, o ácido protocatecuico, o ácido 4-hidroxibenzóico, o ácido cafeico e o ácido ferúlico foram identificados como os principais compostos fenólicos em

AcRE (Figura 7). As concentrações presentes foram calculadas como sendo 0,64 ± 0,2, 2,69 ± 0,1, 5,59 ± 0,3, 4,21 ± 0,1 e 14,78 ± 0,4 pg/g de ácido gentísico, ácido protocatecuico, ácido 4-hidroxibenzóico, ácido cafeico e ácido ferúlico, respetivamente (Tabela 1).

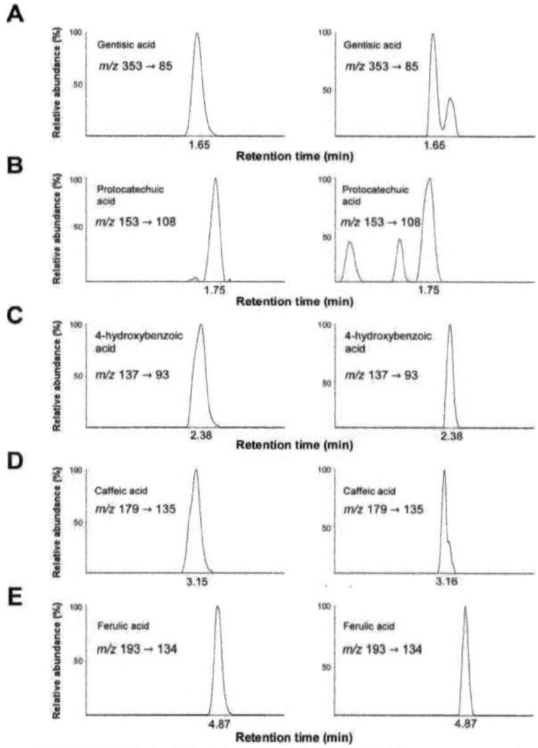


**Figura 7.** Cromatogramas LC-MS/MS de (**A**) ácido gentísico; (**B**) ácido protocatecuico; (**C**) ácido 4-hidroxibenzóico
(**D**) ácido cafeico; e (**E**) ácido ferúlico em solução padrão de 50 mg/L (**esquerda**) e amostra AcRE (**direita**).

**Tabela 1**: Conteúdo dos 5 principais compostos fenólicos identificados no AcRE.

| Composto | RT ᵃ(min) | Teor (pg/g) ᵇ | MRM ᶜTransição *(m/z)* |
|---|---|---|---|
| Ácido gentísico | 1.65 | 0.64 ± 0.2 | 353 ^ 93 |
| Ácido protocatecuico | 1.75 | 2.69 ± 0.1 | 153 ^ 108 |
| ácido 4-hidroxibenzóico | 2.38 | 5.59 ± 0.3 | 137 ^ 93 |
| Ácido cafeico | 3.15 | 4.21 ± 0.1 | 179 ^ 135 |
| Ácido felúrico | 4.87 | 14.78 ± 0.4 | 193 ^ 134 |

ᵃTempo de retenção; ᵇConteúdo baseado no peso seco $(n = 3)$; ᶜMonitorização de reacções múltiplas.

## *2.8. Discussão*

A exposição da pele a antigénios ambientais pode induzir uma hipersensibilidade retardada do tipo IV e o subsequente desenvolvimento de DAC [5]. Embora tenham sido feitos vários esforços para desenvolver materiais eficazes para atenuar a DAC, esta continua a ser uma doença de pele muito comum, sendo responsável, em alguns locais, por cerca de 20% das queixas de saúde relacionadas com o trabalho [4]. Embora os glucocorticóides, uma classe de hormonas esteróides, tenham continuado a ser altamente eficazes para o controlo de uma vasta gama de doenças inflamatórias, a sua utilização está associada a uma infinidade de efeitos secundários adversos, como a psicose esteroide, a ansiedade e a hiperglicemia [29,30]. A fim de desenvolver agentes de DAC mais seguros e eficazes, analisámos aproximadamente 900 extractos botânicos utilizando esplenócitos primários em cultura e identificámos o AcRE como candidato à atividade anti-ADC (dados não apresentados). Entre os alergénios de contacto mais importantes responsáveis pela resposta alérgica encontram-se as pequenas moléculas orgânicas quimicamente reactivas conhecidas como haptenos. Um estudo anterior referiu que o modelo de DAC em roedores induzido por TMA é adequado para a investigação da DAC dependente de células T [3]. Optámos por utilizar este modelo juntamente com a prednisolona como controlo positivo para avaliar os efeitos preventivos do AcRE na DAC induzida por TMA.

Utilizámos a administração oral antes da sensibilização por TMA para observar se o AcRE exerce um efeito preventivo no desenvolvimento de DAC induzido por TMA.

O sistema imunitário na pele humana responde aos alergénios provocando sintomas de DCA, incluindo um aumento do inchaço do ouvido [3], que serve como um parâmetro primário para avaliar os efeitos positivos do AcRE em resposta à TMA. Com o tratamento prolongado de TMA, observámos um aumento da espessura da orelha e da epiderme e os aumentos foram significativamente suprimidos pela administração oral de AcRE. Além disso, a administração oral de AcRE suprimiu significativamente os níveis de IgE induzidos pela TMA e a expressão de citocinas pró-inflamatórias, incluindo IL-10 e TNF-a. Foi proposto que estas respostas desempenham um papel crucial na indução da DAC após contacto com haptenos [4,31]. Com base nestes resultados, postulámos que o AcRE pode ser útil para o tratamento de agentes da DAC.

Uma variedade de células imunitárias, incluindo células T, mastócitos e células dendríticas, bem como queratinócitos, estão envolvidas na indução e no desenvolvimento da DCA. Por conseguinte, a determinação das células específicas que são mais afectadas pelo AcRE pode fornecer uma pista sobre o mecanismo de ação do AcRE. Várias linhas de evidência sugerem que as células T desempenham um papel crítico no desenvolvimento da DAC e que vários tipos de alergénios químicos podem provocar respostas específicas de citocinas [5]. Além disso, um relatório anterior [3] e os resultados do nosso ensaio ELISA sugerem que o tratamento crónico com TMA aumenta a produção de citocinas Th2, incluindo IL-4 e IL-13, em vez de citocinas Thl, como o IFN-y. Por conseguinte, optámos por investigar o efeito do AcRE na produção de citocinas Th2. Em apoio da nossa hipótese, o AcRE suprimiu fortemente a produção de citocinas Th2 no tecido do ouvido do rato. Além disso, os nossos dois outros resultados de ensaios independentes confirmaram que o AcRE protege significativamente contra o aumento da produção de IL-4 e IL-5 induzida por TMA em DNL, bem como a produção de IL-4, -5 e IL-13 induzida por OVA em esplenócitos de cultura primária. A expressão anormal de IL-4 regula a fosforilação de STAT6 e, subsequentemente, regula positivamente a transcrição do fator de transcrição principal Th2, GATA-3 [27]. Os nossos resultados experimentais também mostraram que a fosforilação de STAT6 induzida pela IL-4 e a expressão do ARNm GATA3 foram fortemente suprimidas pelo AcRE. Embora seja necessária uma investigação específica

para excluir a possibilidade de o AcRE afetar diretamente a diferenciação das células Th2, concluímos que
que a inibição das citocinas Th2 é mais provavelmente o resultado da inibição das vias de sinalização STAT6/GATA3.

Para além da produção de citocinas, os efeitos quimiotácticos são também críticos na decisão sistémica de iniciar uma resposta imunitária cutânea completa que envolve a migração de células imunitárias, incluindo leucócitos [32]. Entre as quimiocinas conhecidas, as eotaxinas, CCL11, CCL24 e CCL26, são consideradas selectivas para os eosinófilos e reactivas ao CCR3, que é altamente expresso nos eosinófilos [32]. Assim, investigámos o efeito do AcRE na expressão de quimiocinas induzidas por TMA e na infiltração de células que expressam receptores específicos para a quimiocina. Os resultados mostraram que o AcRE atenua a expressão de CCL11 mRNA e a infiltração de células CCR3+ no tecido do ouvido do rato, bem como a expressão de CCL26 mRNA induzida por IL-4 nas células HaCaT. Embora, em geral, os nossos resultados revelem que o AcRE tem efeitos preventivos contra a DAC induzida por TMA, continua a ser necessário determinar que componente(s) é(são) o(s) principal(is) responsável(is) pelo efeito anti-ADC. Identificámos o ácido gentísico, o ácido protocatecuico, o ácido 4-hidroxibenzóico, o ácido cafeico e o ácido ferúlico como os principais compostos fenólicos presentes no AcRE.

Em conjunto, estes resultados sugerem que os baixos níveis de expressão de citocinas Th2 podem ser devidos à supressão da infiltração de granulócitos eosinófilos através da inibição da produção de quimiocinas pelo AcRE.

## 3. Secção Experimental

### *3.1. Materiais*

A TMA, a prednisolona e a ovalbumina (OVA, grau VI) foram adquiridas à 3.8 (St. Louis, MO, EUA). O alúmen foi obtido da Pierce Biotechnology (Rockford, IL, EUA). A IL-4 recombinante do ratinho e a IL-4 humana foram adquiridas à BD

Biosciences (San Diego, CA, EUA). Os anticorpos específicos para STAT6, 0-actina, peroxidase de rábano (HRP) conjugada com IgG de cabra anti-coelho, anti-rato e IgG de cabra anti-coelho conjugada com DyLight594 foram adquiridos à Santa Cruz 36

Biotechnology (Santa Cruz, CA, EUA). Os anticorpos para a fosfo-STAT6 do ratinho foram obtidos da Abcam (Cambridge, Reino Unido) e a fosfo-STAT6 humana foi adquirida à Cell Signaling Technology (Danvers, MA, EUA).

### *3.2. Preparação da amostrax*

*A Achyranthis radix* foi adquirida num mercado rural (Gyeonggi-do, Coreia). O extrato foi preparado utilizando um extrator de fluxo soxhlet (Buchi rotavapor R-124, New Castle, PA, EUA). Resumidamente, *o Achyranthis radix* foi pulverizado com um misturador (Hanil Electric Inc., Seul, Coreia), homogeneizado com uma malha de 500 x 500 pm e armazenado congelado numa película de polietileno de 0,2 mm selada. A forma alimentada resultante de *Achyranthis radix* foi incubada em etanol a 95% a 65 °C durante dois períodos de 3 h cada. O extrato de etanol a 95% foi filtrado com papel de filtro (Whatman n.º 4, Sigma- Aldrich), antes de o extrato ser concentrado por evaporador rotativo (IKA RV10, IKA, Wilmington, PA, EUA) e seco num liofilizador (FD 5512, Ilshin Lab Co., Ltd., Seul, Coreia). O extrato seco *de Achyranthis radix* (AcRE) foi então armazenado a 4 °C.

### *3.3. Animais*

Os animais foram mantidos em condições específicas de ausência de agentes patogénicos, de acordo com as diretrizes estabelecidas, e o protocolo experimental (KFRI-M-14013) foi aprovado pelo Comité de Cuidados e Utilização dos Animais do Instituto de Investigação Alimentar da Coreia. Os ratos BALB/c fêmeas com seis semanas de idade foram adquiridos à OrientBio Inc. (Gyeonggi-do, Coreia), alojados numa sala com ar condicionado (23 ± 2 °C) com um ciclo de 12 h de luz/obscuridade e tratados de acordo com as diretrizes do Korea Food Research Institute para a utilização e tratamento de animais.

### *3.4. Indução de dermatite alérgica de contacto e programa experimental*

A indução da DAC foi conseguida através da modificação de um modelo de DAC crónica [3]. Resumidamente, os ratos com sete semanas de idade foram divididos em quatro grupos: grupo naive (naive), grupo sham (sham), grupo AcRE 200 mg/kg (AcRE 200) e um grupo prednisolona 10 mg/kg (PS 10). O AcRE e a prednisolona foram administrados por via oral diariamente a partir do Dia-2. Após dois dias, os ratinhos foram sensibilizados com 50 pL de TMA a 5% em solvente misto (acetona/miristato de isopropilo, 4:1. *v/v*) no flanco direito rapado no Dia 0 e 20 pL de TMA a 2% foram repetidamente aplicados na superfície dorsal de ambas as orelhas nos Dias 5, 8, 11, 14 e 17. A espessura da orelha foi medida 24 horas após o tratamento com TMA nos dias 5-17, utilizando um micrómetro personalizado (Schering AG, Berlim, Alemanha). Os ratinhos foram sacrificados no dia 18.

### *3.5. Preparação de orelhas de ratinho para o ensaio ELISA*

Para a medição de citocinas no tecido auricular de ratinhos BALB/c, as orelhas foram homogeneizadas mecanicamente em 2 ml de reagente de extração de proteínas de tecidos T-PER® (Thermo Fisher Scientific, Rockford, IL, EUA) contendo um cocktail de inibidores de proteases (Roche, Indianapolis, IN, EUA) e centrifugadas a 25 000 *g* durante 30 minutos a 4 °C. A concentração de proteínas totais no sobrenadante foi calculada utilizando um kit de ensaio de proteínas (Bio-Rad Laboratories, Hercules, CA, EUA).

### *3.6. Cultura do gânglio linfático drenante*

As células dos gânglios linfáticos drenantes (DLN) de ratinhos induzidos por ACD foram cultivadas para análise da resposta imunitária. Foram recolhidas células individuais homogeneizadas de DLN e tratadas com tampão de lise de glóbulos vermelhos (Sigma-Aldrich). As células DLN foram cultivadas com 2 pg/mL de concanavalina A (Con A, Sigma-Aldrich) em meio RPMI 1640 contendo 10% de FBS, 100 U/mL de penicilina e 100 mg/mL de estreptomicina. As células foram incubadas para análise de citocinas (1 x $10^6$ células/mL, 48 h) e expressão de ARNm (5 x $10^6$ células/mL, 24 h) numa incubadora humidificada com 5% (*v/v*) de $CO_2$ e 95% (*v/v*) de ar.

### *3.7. Sensibilização e desafio com OVA e preparação de culturas de esplenócitos*

Os ratinhos BALB/c (fêmeas, seis semanas de idade) foram sensibilizados por injeção intraperitoneal (i.p.) com 10 pg de ovalbumina (OVA) adsorvida em 1 mg de Inject Alum nos dias 0 e 7. Após uma semana, os esplenócitos foram preparados através da remoção asséptica dos baços dos ratinhos. Os esplenócitos foram diluídos para 5 x $10^6$ células/mL em meio RPMI 1640. Os esplenócitos foram então cultivados na presença ou ausência de OVA (100 pg/mL) juntamente com a amostra. As placas foram incubadas a 37 °C durante 48 h (para a análise PCR em tempo real) ou 72 h (para a análise ELISA).

### *3.8. Medição de citocinas por ensaio ELISA*

Os níveis de citocinas no sobrenadante do ouvido e no meio de cultura de células foram medidos utilizando kits ELISA para IL-4, IL-5, IL-10, TNF-a (BD Biosciences) e IL-13 (R & D systems, Minneapolis, MN, EUA). A IgE total no soro foi também detectada com um kit IgE (BD Bioscience). Todos os ELISA foram efectuados de acordo com as instruções do fabricante.

### *3.9. Isolamento do ARN e análise quantitativa por PCR em tempo real*

O ARN total dos tecidos e dos esplenócitos foi recuperado e purificado utilizando um RNeasy® Mini Kit (Qiagen, Valencia, CA, EUA), de acordo com as instruções do fabricante. O cDNA foi sintetizado utilizando um QuantiTect Reverse Transcription Kit (Qiagen). O cDNA de primeira cadeia foi preparado a partir de 1 pg de ARN total. As amostras foram submetidas a PCR em tempo real utilizando SYBR® Green master mix num sistema Rotor-Gene Q 2plex (Qiagen). Os níveis de expressão dos genes foram normalizados por comparação com a expressão de GAPDH. As alterações relativas da expressão dos genes, calculadas utilizando o método de dois delta CT, são apresentadas como alterações de dobra em comparação com as das amostras de controlo. Os primers utilizados na experiência foram adquiridos à Bioneer (Daejeon, Coreia).

### *3.10. Análise Western Blot*

Para analisar os efeitos do AcRE na fosforilação de STAT6 induzida por IL-4, foram preparados esplenócitos através da remoção asséptica do baço de ratinhos BALB/c (fêmeas, seis semanas de idade) e incubação com 2 pg/mL de Con A durante dois dias. Os esplenócitos foram centrifugados a 1300 rpm durante 5 min e o sobrenadante foi removido, antes da incubação em meio RPMI 1640 na ausência de Con A. Após um dia, os esplenócitos foram pré-incubados com AcRE durante 1 h antes da estimulação com IL-4 (BD Biosciences) durante 15 min. Para a análise de queratinócitos humanos, as células HaCaT de queratinócitos epidérmicos humanos imortalizados foram mantidas a 37 °C em meio de Eagle modificado de Dulbecco (DMEM) contendo 10% de soro bovino fetal, 100 U/mL de penicilina e 100 mg/mL de estreptomicina numa incubadora humidificada a 5% de $CO_2$. As células HaCaT foram pré-incubadas com AcRE durante 1 h antes da estimulação com IL-4 (BD Biosciences) durante 15 min. A concentração de proteínas foi determinada utilizando um kit de ensaio de proteínas de ligação a corantes (Bio-Rad Laboratories, Hercules, CA, EUA), seguindo as instruções do manual do fabricante. A proteína do lisado foi submetida a uma eletroforese em gel de poliacrilamida com dodecil sulfato de sódio a 10% (SDS-PAGE) e transferida para uma membrana de difluoreto de polivinilideno (PVDF) Amersham Pharmacia Biotech, (Buchinghamshire, Reino Unido). Após a transferência, as membranas foram incubadas com anticorpos primários específicos a 4 °C durante a noite. As bandas de proteínas foram visualizadas utilizando um AE-9300 Ez-Capture MG (ATTO Corporation, Tóquio, Japão), após hibridação com um anticorpo secundário conjugado com peroxidase de rábano (HRP).

### *3.11. Medição da espessura da epiderme*

As orelhas excisadas foram embebidas em formaldeído a 10% e cortadas em secções de 6 ppm de espessura num microscópio (CryostatCM3050S, Leica Biosystems, St. Gallen, Suíça). As secções foram coradas com hematoxilina e eosina a 0,5% (Sigma; coloração com hematoxilina e eosina [H & E]) para medir a espessura epidérmica das amostras de tecido da orelha. A espessura foi analisada com o software Micrometrics SE Premium (ACCU-SCOPE, Commack, NY, EUA).

### *3.12. Imunohistoquímica*

Foram cortadas secções de cinco pm de espessura de tecidos auriculares de ratinhos incluídos em parafina com um micrótomo e secas ao ar à temperatura ambiente durante a noite. As secções de parafina foram desparafinizadas com xileno e hidratadas em graus decrescentes de etanol em água destilada, após o que se procedeu à recuperação de antigénios aquecendo as amostras a 95-100 °C em , tampão citrato 10 mM a pH 6, durante 10 minutos. Para a imunofluorescência, as secções da orelha dos ratinhos foram permeabilizadas e bloqueadas à temperatura ambiente por incubação em PBS com 0,02% de Tween 20 e 1% de BSA durante 1 h. A incubação com um anticorpo anti-CCR3 (Abcam, Cambridge, Reino Unido) diluído em PBS com 3% de BSA foi efectuada a 4 °C durante a noite.

Foi aplicado um anticorpo secundário e uma solução de coloração utilizando um kit de substrato Singalstain® DAB (Cell Signaling). O anticorpo IgG de coelho foi adicionado a uma diluição de 1:1000 durante 1 h à temperatura ambiente. O DAPI (1:10.000) foi utilizado como coloração nuclear. As secções foram examinadas e fotografadas com um microscópio Nikon ECLIPSE Ti-s (Nikon, Tóquio, Japão). As imagens foram processadas com o software Photoshop (Adobe).

### *3.13. Análise UPLC-MS/MS*

As análises foram efectuadas utilizando um sistema Acquity UPLC (Waters,

Milford, MA, EUA) com a coluna Acquity UPLC BEH C18 (2,1 шш x 100 шш, 1,7 pm). Os dados brutos foram processados com o software MassLynx 4.1 (Waters). A fase móvel incluiu 0,1% de solução aquosa de ácido fórmico (Solvente A) e 0,1% de ácido fórmico em acetonitrilo (Solvente B) e um programa de eluição gradiente foi realizado da seguinte forma: 010 min, 99%-70% solvente A; 10-12 min, 70%-5% solvente A; 12-14 min, 5%-99% solvente A; 14-20 min, 99% solvente A. O caudal foi fixado em 0,65 mL/min. A temperatura da coluna foi mantida a 40 °C e o tempo total de execução foi de 5 min. O amostrador automático foi condicionado a 4 °C e o volume de injeção foi de 5 uL. A identificação e a quantificação dos flavonóides foram efectuadas num espetrómetro de massa de quadrupolo triplo Waters Xevo TQ (Waters) equipado com um modo de ionização por electrospray (ESI).

A fonte ESI foi utilizada alternando entre o modo de iões positivos e negativos. Os dados foram adquiridos no modo de monitorização de reacções múltiplas (MRM) com uma tensão de cone de 20 V, uma tensão capilar de 2,5 kV e um fluxo de gás de cone de 50 L/h. A temperatura da fonte foi fixada em 150 °C, enquanto o caudal de dessolvatação foi fixado em 800 L/h. A temperatura do gás de dessolvatação foi fixada em 400 °C.

### *3.14.Análise estatística*

Quando apropriado, os dados são expressos como a média ± S.E.M., e as diferenças significativas foram determinadas usando ANOVA (Análise de Variância) de uma via. Foi utilizado um valor de probabilidade de $p < 0,05$ como limiar mínimo para a significância estatística.

## 4. Conclusões

Os nossos resultados sugerem que o AcRE inibe significativamente a DAC induzida por TMA em ratinhos. Esta inibição ocorre através da inibição da produção de citocinas Th2 pró-inflamatórias, que ocorre como resultado da fosforilação de

STAT e da expressão de mRNA GATA3, e da expressão de quimiocinas e infiltração de células CCR3+ . A inibição terapêutica das citocinas Th2 e quimiocinas pelo AcRE pode trazer benefícios clínicos para o tratamento mais eficaz da dermatite. Este é o primeiro relatório a elucidar os aspectos da base molecular dos efeitos preventivos do AcRE na DAC.

**Agradecimentos:** Este estudo foi apoiado por uma bolsa do Instituto de Investigação Alimentar da Coreia.

**Contribuições dos autores:** Todos os autores contribuíram para a preparação do manuscrito. S.K. Jung, D.W. Choi, e D.-H. Shon conceberam o estudo; D.W. Choi. D.-A, Kwon, M.J.

Kim e K.S. Seong recolheram amostras, obtiveram dados e/ou analisaram dados; D.-H. Shon assegurou o financiamento do estudo; e S.K. Jung e D.W. Choi tiveram acesso total a todos os dados do estudo e assumem a responsabilidade pela integridade dos dados e pela exatidão da análise dos mesmos. Todos os autores leram e aprovaram o manuscrito final.

**Conflitos de interesse:** Os autores declaram não haver conflito de interesses.

## Referências

1. Peiser, M.; Tralau, T.; Heidler, J.; Api, A.M.; Arts, J.H.; Basketter, D.A.; English, J.; Diepgen, T.L.; Fuhlbrigge, R.C.; Gaspari, A.A.; *et al.* Dermatite de contacto alérgica: Epidemiologia, mecanismos moleculares, métodos *in vitro* e aspectos regulamentares. Conhecimentos actuais reunidos num workshop internacional no BfR, Alemanha. *Cell Mol. Life Sci.* **2012**, *69,* 763-781.

2. Dearman, R.J.; Kimber, I. Differential stimulation of immune function by respiratory and contact chemical allergens (Estimulação diferencial da função imunitária por alergénios químicos respiratórios e de contacto). *Immunology* **1991**, *72,* 563-570.

3. Schneider, C.; Docke, W.D.F.; Zollner, T.M.; Rose, L. Chronic Mouse Model of TMA-Induced Contact Hypersensitivity. *J. Investig. Dermatol.* **2009**, *729*, 899907.

4. Kaplan, D.H.; Igyarto, B.Z.; Gaspari, A.A. Early immune events in the induction of allergic contact dermatitis. *Nat. Rev. Immunol.* **2012**, *72*, 114-124.

5. Honda, T.; Egawa, G.; Grabbe, S.; Kabashima, K. Atualização dos eventos imunitários no modelo murino de hipersensibilidade de contacto: Toward the understanding of allergic contact dermatitis. *J. Investig. Dermatol.* **2013**, *733,* 303-315.

6. Cumberbatch, M.; Dearman, R.J.; Kimber, I. As células de Langerhans requerem sinais do fator de necrose tumoral alfa e da interleucina-1 beta para a migração. *Immunology* **1997**, *92*, 388-395.

7. Akdis, M.; Blaser, K.; Akdis, C.A. T regulatory cells in allergy: Novos conceitos na patogénese, prevenção e tratamento de doenças alérgicas. *J. Allergy Clin. Immunol.* **2005**, *116,* 961-968.

8. Roh, K.B.; Kim, I.H.; Kim, Y.S.; Lee, M.; Lee, J.A.; Jung, E.; Park, D. A sinefrina inibe a expressão de eotaxina-1 através da via de sinalização STAT6. *Moléculas* **2014**, *19*, 11883-11895.

9. Zhu, J.; Paul, W.E. Peripheral CD4+ T-cell differentiation regulated by networks of cytokines and transcription factors. *Immunol. Rev.* **2010**, *238,* 247-262.

10. Zheng, W.; Flavell, R.A. O fator de transcrição GATA-3 é necessário e suficiente para a expressão do gene da citocina Th2 nas células T CD4. *Cell* **1997**, *89,* 587596.

11. Onodera, A.; Yamashita, M.; Endo, Y.; Kuwahara, M.; Tofukuji, S.; Hosokawa, H.; Kanai, A.; Suzuki, Y.; Nakayama, T. A deslocação de polycomb mediada por

STAT6 pelo complexo trithorax estabelece a manutenção a longo prazo da expressão de GATA3 em células T helper tipo 2. *J. Exp. Med.* **2010**, *207,* 2493-2506.

12. Pivarcsi, A.; Homey, B. Redes de quimiocinas na dermatite atópica: Sinais de trânsito da doença. *Curr. Allergy Asthma Rep.* **2005**, *5*, 284-290.
13. Owczarek, W.; Paplinska, M.; Targowski, T.; Jahnz-Rozyk, K.; Paluchowska, E.; Kucharczyk, A.; Kasztalewicz, B. Análise da expressão de eotaxina 1/CCL11, eotaxina 2/CCL24 e eotaxina 3/CCL26 na pele lesional e não lesional de pacientes com dermatite atópica. *Cytokine* **2010**, *50*, 181-185.
14. Fujimoto, S.; Uratsuji, H.; Saeki, H.; Kagami, S.; Tsunemi, Y.; Komine, M.; Tamaki, K. CCR4 e CCR10 são expressos em queratinócitos epidérmicos e estão envolvidos na reação imunitária cutânea. *Cytokine* **2008**, *44,* 172-178.
15. Kato, Y.; Pawankar, R.; Kimura, Y.; Kawana, S. Aumento da expressão de RANTES, CCR3 e CCR5 na pele lesionada de doentes com eczema atópico. *Int. Arch. Allergy Immunol.* **2006**, *139*, 245-257.
16. Kagami, S.; Saeki, H.; Komine, M.; Kakinuma, T.; Tsunemi, Y.; Nakamura, K.; Sasaki, K.; Asahina, A.; Tamaki, K. Interleukin-4 e interleukin-13 aumentam a produção de CCL26 numa linha celular de queratinócitos humanos, as células HaCaT. *Clin. Exp. Immunol.* **2005**, *141,* 459-466.
17. Banwell, M.E.; Tolley, N.S.; Williams, T.J.; Mitchell, T.J. Regulação da expressão da eotaxina-3/CCL26 humana: Modulação por citocinas e glucocorticóides. *Cytokine* **2002**, *17*, 317-323.
18. Jin, J.H.; Ngoc, T.M.; Bae, K.; Kim, Y.S.; Kim, H.P. Inibição da dermatite atópica experimental pelo ruibarbo (rizomas de Rheum tanguticum) e inibição da lipoxigenase do seu principal constituinte, a emodina. *Phytother. Res.* **2011**, *25,* 755-759.
19. Cho, E.; Cho, S.H. Efeitos do extrato de ginseng vermelho coreano na prevenção da dermatite atópica e o seu mecanismo nas lesões iniciais num modelo murino. *J. Ethnopharmacol.* **2013**, *145*, 294-302.
20. Choi, J.H.; Jin, S.W.; Han, E.H.; Park, B.H.; Kim, H.G.; Khanal, T.; Hwang,

Y.P.; Do, M.T.; Lee, H.S.; Chung, Y.C.; *et al.* As saponinas derivadas da raiz de Platycodon grandiflorum atenuam as lesões cutâneas semelhantes à dermatite atópica através da supressão de NF-kappaB e STAT1 e da ativação da heme oxigenase-1 mediada por Nrf2 / ARE. *Phytomedicine* **2014**, *21*, 1053-1061.

21. Lee, S.Y.; Kwon, H.K.; Lee, S.M. SHINBARO, um novo medicamento à base de plantas com mecanismo multifuncional para doenças articulares: Primeira aplicação terapêutica para o tratamento da osteoartrite. *Arch. Pharm. Res.* **2011**, *34,* 1773-1777.
22. Kong, X.Y.; Wang, R.T.; Tian, N.; Li, L.; Lin, N.; Chen, W.H. Efeito da Fórmula II de Huogu (II) com o guia medicinal Radix Achyranthis Bidentatae nas células estaminais da medula óssea que se dirigem para a área de necrose após osteonecrose da cabeça do fémur em coelho. *Chin. J. Integr. Med.* **2012,** *18,* 761-768.
23. Wang, R.T.; Kong, X.Y.; Tian, N.; Lin, N.; Chen, W.H. Efeitos da promoção da circulação sanguínea para remover a obstrução dos meridianos combinada com guias medicinais sobre os factores de osteogénese relacionados em coelhos com necrose da cabeça do fémur. *China J. Orthop. Traumatol.* **2013**, *26,* 591-596.
24. Siu, W.S.; Zhou, X.; Fung, C.H.; Shum, W.T.; Lau, C.B.; Leung, P.C.; Ko, C.H.; Hung, L.K. Avaliações pré-clínicas sobre a eficácia de uma fórmula tópica de ervas chinesas para controlo do inchaço e alívio da dor. *JEthnopharmacol.* **2015**, *162,* 346-351.
25. Neis, M.M.; Peters, B.; Dreuw, A.; Wenzel, J.; Bieber, T.; Mauch, C.; Krieg, T.; Stanzel, S.; Heinrich, P.C.; Merk, H.F.; *et al.* Enhanced expression levels of IL- 31 correlate with IL-4 and IL-13 in atopic and allergic contact dermatitis. *J. Allergy Clin. Immunol.* **2006**, *118,* 930-937.
26. Piguet, P.F.; Grau, G.E.; Hauser, C.; Vassalli, P. O fator de necrose tumoral é um mediador crítico nas reacções de hipersensibilidade de contacto e irritantes induzidas por haptenos. *J. Exp. Med.* **1991**, *173,* 673-679.
27. Kim, B.H.; Na, K.M.; Oh, I.; Song, I.H.; Lee, Y.S.; Shin, J.; Kim, T.Y. Kurarinone regula as respostas imunitárias através da regulação das vias de sinalização

mediadas por JAK/STAT e TCR- . *Biochem. Pharmacol.* **2013**, *85*, 1134-1144.

28. Homey, B.; Steinhoff, M.; Ruzicka, T.; Leung, D.Y. Cytokines and chemokines orchestrate atopic skin inflammation. *J. Allergy Clin. Immunol.* **2006**, *118*, 17889.
29. Korte, S.M. Corticosteroids in relation to fear, anxiety and psychopathology (Corticosteróides em relação ao medo, ansiedade e psicopatologia). *Neurosci. Biobehavioral Rev.* **2001**, *25*, 117-142.
30. Vezzosi, D.; Cartier, D.; Regnier, C.; Otal, P.; Bennet, A.; Parmentier, F.; Plantavid, M.; Lacroix, A.; Lefebvre, H.; Caron, P. Hiperplasia adrenal macronodular familiar independente de adrenocorticotropina com receptores adrenais aberrantes de serotonina e vasopressina. *Eur. J. Endocrinol.* **2007**, *156*, 21-31.
31. Junghans, V.; Gutgesell, C.; Jung, T.; Neumann, C. Citocinas epidérmicas IL-1beta, TNF-alfa e IL-12 em doentes com dermatite atópica: Resposta à aplicação de antigénios de ácaros do pó da casa. *J. Investig. Dermatol.* **1998**, *111*, 1184-1188.
32. Amerio, P.; Frezzolini, A.; Feliciani, C.; Verdolini, R.; Teofoli, P.; De Pita, O.; Puddu, P. Eotaxinas e recetor CCR3 em doenças inflamatórias e alérgicas da pele: Implicações terapêuticas. *Curr. Drug Targets Inflamm. Allergy* **2003**, *2*, 81-94.
33.

**Disponibilidade de amostras:** As amostras dos compostos estão disponíveis junto dos autores.

MIX
Papier aus verantwortungsvollen Quellen
Paper from responsible sources
FSC® C105338

Printed by Books on Demand GmbH, Norderstedt / Germany